· 东北大学技术哲学博士文库 ·

（第七辑）

名誉主编　陈昌曙　远德玉
主　　编　陈　凡　朱春艳

技术伦理实现的内在路径研究

贾璐萌　著

东北大学出版社
· 沈　阳 ·

图书在版编目（CIP）数据

技术伦理实现的内在路径研究／贾璐萌著. -- 沈阳：

东北大学出版社，2025.5. -- ISBN 978-7-5517-3873-6

Ⅰ. B82-057

中国国家版本馆 CIP 数据核字第 20253BF064 号

出 版 者：东北大学出版社
　　　　　地址：沈阳市和平区文化路三号巷 11 号
　　　　　邮编：110819
　　　　　电话：024-83683655（总编室）
　　　　　　　　024-83687331（营销部）
　　　　　网址：http://press.neu.edu.cn
印 刷 者：辽宁一诺广告印务有限公司
发 行 者：东北大学出版社
幅面尺寸：170 mm×240 mm
印　　张：15.25
字　　数：234 千字
出版时间：2025 年 5 月第 1 版
印刷时间：2025 年 5 月第 1 次印刷
责任编辑：郎　坤　刘振军
责任校对：杨　坤
封面设计：潘正一
责任出版：初　茗

ISBN 978-7-5517-3873-6　　　　　　　定　价：60.00 元

东北大学技术哲学博士文库第七辑编委会

总　　序

　　"东北大学技术哲学博士文库"在多方努力下终于出版了。这是东北大学文科建设史上的一件幸事，值得祝贺。

　　东北大学的科学技术哲学博士点自 1994 年开始招生以来，已有一批博士毕业。他们已经在《自然辩证法研究》《自然辩证法通讯》《科学技术与辩证法》等刊物上发表了一批文章，也有把论文补充修改成为专著出版的，但出书毕竟零散，机会也不多。文科博士论文的创新思想应当在刊物上发表，更为优秀者则应当作为专著出版。已经有不少大学出版了自己的博士文库。我们决定出版自己的博士文库，乃是步其后尘而已。

　　我们这个博士点是以技术哲学为主要研究方向的，因此名为"东北大学技术哲学博士文库"。出版这个文库的目的，一方面是为了保存和交流研究成果，经受社会检验，鼓励学术研究；另一方面也是为了博士生教育的制度化，推进学科建设。因此，并不是每一位博士的论文都可以成书进入本文库出版，进入本文库必须经过一定的评审程序。出于学科建设的需要，也将把博士生导师有关技术哲学的优秀研究成果纳入本文库出版，当然也须经过评审。

　　在中国，技术哲学的研究方兴未艾，已有一批博士的研究成果作为专著纳入本文库出版，这是一件令人高兴的事，但这仅仅是开始。希望有更多博士的研究成果面世，这是我们的期待。

　　出版博士文库需要有好的稿源和认真的编审，还需要有经费的支持乃至有人做组织工作。在本文库出版的时候，应该感谢佟晶石、丁云龙等同志，他们为筹措经费、搞好协调做了大量工作。东北大学出版社为文科学术研究的发展，在经费等诸多方面给予了大力的支持，在此一并表示我们的谢意。

陈昌曙　远德玉

2001 年 3 月 19 日

主编序语

　　哲学是人类认识世界、改造世界的重要工具，是建设社会主义物质文明、政治文明、精神文明、社会文明、生态文明的重要理论武器，在认识世界、传承文明、创新理论、咨政育人、服务社会的伟大实践中具有不可替代的重要作用。

　　肩负繁荣发展我校哲学社会科学的历史使命，伴随东北老工业基地振兴的铮铮鼓点，"东北大学技术哲学博士文库"以高举远慕的心态，慎思明辨的理性，执着专注的意志，洒脱通达的境界，已问世二十载，蔚为大观。这是东北大学哲人"爱智之忱"的精神产儿，是东北大学学子苦心孤诣的汗中之盐。

　　叶茂缘于根深，流长因为源远。哲学之于东北大学，可谓根深、源远。早在20世纪建校之初，东北大学确立的办学宗旨即"研究高深学术，培养专门人才，应社会之需要，谋文化之发展"，并荟萃了梁漱溟、杨荣国等一批著名哲学大师在东大校园创办哲学系，执鞭育英才，使得东北大学因此成为当时东北地区哲学人才最多、研究水平最高的哲学研究中心和人才培养摇篮。逝者如斯，哲学文脉得传承；历史硝烟，东大学子哲思绵……

　　沐浴着共和国清晨的曙光，新中国成立后，以著名哲学家陈昌曙教授和远德玉教授为代表的一代哲人，"自强不息，知行合一"，承前启后，继往开来，把马克思主义哲学观运用于"人与技术的关系"领域，批判汲取欧美技术哲学和日本技术论的研究成果，紧密结合中国国情和技术实践，确立了具有东北工业特色和工科院校特点的科学技术哲学研究方向，开了中国技术哲学研究之先河。特别是在技术本体论、认识论、价值论和方法论等方面，创立了独具特色的技术哲学理论，被学术界誉为中国技术哲学研究的"东北学派"。

　　回首历史转折之年，东北大学于1978年组建自然辩证法研究室，1984年建立科学技术哲学硕士点，1993年创建科学技术哲学博士点，2004年成为教育部"985工程"科技与社会（STS）哲学社会科学创新基地，2007年被批准为国家重点学科，并获得哲学一级学科博士后科研流动站资格，东北大学科学技术哲学的学科建设与时俱进，蓬勃发展。"宝剑锋从磨砺出，梅花香自苦寒来。"几十年斗转星移，辛勤耕耘、春华秋实：一代又一代专家学者在这片沃土上播种，一届又一届博士、硕士在这个摇篮里成长，一批又一批青年精英在这块园地中成才。如今奉献在学人面前的"东北大学技术哲学博士文库"即历年精英之所存，历届精华之所在。

为体现东北大学哲学文脉的历史传承和与时俱进的理论创新，展示中国技术哲学"东北学派"的代表性研究成果，为国内技术哲学理论工作者特别是优秀博士研究生提供学术争鸣的园地，促进中外技术哲学的学术交流，新世纪伊始，陈昌曙教授和远德玉教授亲自主持"东北大学技术哲学博士文库"（第一辑）的编纂和出版，极大地激发了广大青年学者的学术热情，促进了东北大学科学技术哲学的学科建设，提高了东北大学科学技术哲学博士点在国内的学术影响，增进了东北大学与国内外学术界的交流，谱写了学校哲学社会科学学科建设史上的新篇章。

二十年来，"东北大学技术哲学博士文库"已先后出版六辑，共60部。新一代东大学人继续编纂出版"东北大学技术哲学博士文库"（第七辑），旨在秉承陈昌曙教授提出的研究纲领，即突出特色——保持在全国同类学科中技术哲学的优势地位；加强基础——不断提高科学技术哲学研究的理论水平；促进应用——注重国家和地方经济社会现实问题研究；扩大开放——增强与国内外学术界的交流合作；不断创新——与时俱进，适应时代发展的新要求。我们将进一步发扬博采众长、汇融百家的开放精神和严谨求实、勤奋钻研的创新精神，展示东北大学青年才俊的学术风采，加强学科与学术队伍建设，促进新生学术力量的成长，使"东北大学技术哲学博士文库"的出版，能与东北大学哲学社会科学的学科建设和中国技术哲学研究的理论创新协同发展。

创造和培育哲学文化精神，需要历代哲人的学术传承与开拓创新；壮大和发展中国技术哲学研究的"东北学派"，也需要东大学子的著书立说和与时俱进。东北大学科学技术哲学研究中心将进一步发扬光大"天行健，君子以自强不息；地势坤，君子以厚德载物"的传统文化精髓，努力为博士精英、青年才俊创造展示学术才华、发表真知灼见的学术园地，为繁荣我国哲学社会科学事业作出新贡献。

陈　凡　朱春艳

2021 年 10 月于沈阳南湖

前　言

技术伦理实现的内在路径是在对技术伦理实现的内涵界定基础上，根据技术哲学研究的工程传统与人文传统的分野，以及技术伦理研究的外在路径与内在路径之争，提出的区别于传统技术伦理实践的新路径。鉴于技术伦理的关系性及道德性双重维度，"技术伦理实现"的内涵可以被界定为人与技术间应然性伦理关系在实践中的落实，以及技术伦理主体的伦理潜能在行动中的彰显。在相当长的一段时间内，技术与伦理的关系被理解为一种技术工具主义基础上的伦理无涉论，以及主客二元框架下的双向互斥论。这一阶段的技术伦理实现体现为一种外在主义路径，伦理的潜能被归置于技术之外，属于人的主体向度，技术仅仅被当作彰显人类伦理潜能的工具，甚至被认为是扰乱伦理秩序、阻碍伦理实现，因而应当被防范和控制的对象。然而，作为人与自然实践关系的中介，技术随人的本质力量的彰显而产生并发展；作为规范人与人之间社会关系的尺度，伦理经由人们的理性反思和经验生活得以确证并践行，两者之间有着更深层意义上的关联。这种关联意味着技术实践不再被排除在伦理实现之外，技术物成为了伦理实践的积极参与者。由此，技术伦理实现的内在路径则可以被界定为，以一种混合性的视角将技术实践及技术物纳入伦理实现的活动范畴之中，通过技术对伦理的调解机制以及伦理对技术的伴随机制的互嵌性运作，彰显人与技术物作为混合性伦理主体构成的伦理潜能，并最终确保人与技术间应然性伦理关系的落实。

技术伦理实现的内在路径有着深刻的历史渊源、现实基础、理论萌芽与时代契机。就其历史渊源来说，西方技术乌托邦主义中对于技术与伦理关系的乐观主义态度、中国传统道技合一思想中对于技术教化功能的探索，构成了技术伦理实现内在路径的重要历史资源；就其现实基础而言，现代技术实践中伦理诉求的凸显、技术伦理研究中实践旨趣的复归，以及技术伦理实现外在路径的式微，构成了技术伦理实现内在路径的现实必要性与可能性基础；就其理论萌芽而言，技术伦理规约路径以其"道术协同"的技术–伦理观，以及对技术发展的过程规约构成了技术伦理实现内在路径的萌芽形态；就时代契机而言，技术伦理实现内在路径的出现与当前技术哲学领域诸多转向的交汇密切相关，具体包括工程传统与人文传统的融合，以及经验转向与伦理转向的交汇。与此同时，新兴科技伦理治理的发展则为技术伦理实现的内在路径提供了方法和制度层面的支撑。

从逻辑生成的角度来看，技术伦理实现的内在路径之所以能够成立，首先，得益于其坚实的理论基础：技术调解理论勾勒出了人与技术在微观、中观及宏观层面互相缠绕的整体图景，为分析伦理道德的技术调解机制提供了系统框架，同时也对传统技术伦理中的二元框架及人的主体性产生了冲击；对此，福柯的自我建构伦理学在考察了微观权力与主体的关系之后，提出了以"自我技术"塑造微观权力中的伦理主体，对技术调解框架下人的伦理主体性重构具有重要借鉴意义，而技术时代的责任伦理则为技术伦理实现中不同行动者的责任分配提供了思路。其次，内在路径的理论可能性还体现在其包含了技术在内的目的指向上：在关系性伦理维度上追求人与技术"共在"的本真性状态，在道德性伦理维度上强调"负责"，即伦理主体通过责任的承担来彰显自身的道德潜能。最后，鉴于技术伦理实现本身所蕴含的实践指向，内在路径的理论可能性落脚到了伦理主体的混合性构成上：从关系论进路出发，内在路径中的伦理主体包括面向平凡技术物的操作型道德能动体、面向人工智能体的功能型道德能动体、面向人类行动者的伦理型道德能动体。这三类伦理主体以其各自的方式彰显着自身的道德特性，并通过相应道德责任的承担来实现人与技术之间的本真性共在状态。

从实现机制的角度来看，技术与伦理的互嵌机制构成了技术伦理实现内在路径的实践可行性。就技术对伦理的调解机制而言，其总体上可以看作作为人工道德能动体的技术对伦理道德的参与。根据道德的不同层次，这类技术对伦理道德的参与可以从个体道德、群体道德以及社会道德三个层面来考察。在个体道德层面，技术能够凭借其调解作用参与个体进行道德判断、作出道德决策并发出道德行为的全过程；在群体道德层面，技术能够通过对群体道德共识和群体道德行动的调解性参与来影响群体道德的实现；在社会道德层面，技术的调解机制体现在对社会道德观念及社会道德实践的参与中。就伦理对技术发展的伴随机制而言，其总体上体现为作为伦理型道德能动体的人类对技术发展的治理与责任承担。根据具体技术物的发展过程，伦理对其的伴随机制主要按照四个阶段进行：在技术设计阶段进行伦理嵌入，以技术工作者为主导，通过"预测-评估-设计"模型实现技术产品的道德化设计；在技术试验阶段进行伦理评估，以评估委员会为主导，通过技术伦理效应的预测与识别、伦理问题的分析与澄清，以及解决方案的开发与确定来修正和完善技术开发方案；在技术推广阶段进行伦理调适，以政府部门为主导，通过制度调适、舆论调适和教育调适三种路径，实现技术产品与社会价值系统的顺利融合；在技术使用阶段，以使用者为主导，通过对他者、对世界、对技术以及对自身的责任的主动承担，来确立自身作为伦理型道德能动体的地位，并为技术物伦理潜能的实现提供支撑。

面对新一轮科技革命和产业变革带来的诸种影响，技术伦理实现的内在路径显示出了超越传统伦理治理模式的灵活性和实用性：凭借对技术价值的充分关注和高度建构性特征，内在路径能够更好地克服因新兴技术的高争议性和高风险性而造成的科林格里奇困境；通过把握人工智能的三重价值冲突，以伦理伴随的方式在人工智能的主流价值目标与多样化价值诉求之间达成融通；通过明确数字技术调解的权力生成机制，以重塑主体的态度实现对数字技术权力的超越和对数字时代美好生活的构建；以负责任创新推动我国工程伦理教育的发展，通过培养多元伦理行动者群体，促进工程技术创新更好地融入社会发展之中。总之，内在路径的分析框架有助于更加清晰地呈现围绕新兴技术的价值冲突与伦理争议，以便对相关伦理风险及潜能予以正确把握及应对，促进新兴技术发展与社会进步的良性互动。鉴于此，有必要对技术伦理实现的内在路径加以本土化拓展，从中华优秀传统文化中汲取思想资源与社会心理支撑，与马克思主义理论相结合，并回应我国高水平科技自立自强的现实需求，建立符合中国语境、面向中国问题的技术伦理实践方案。

贾璐萌

2024 年 10 月

目　录

导 论

第一节 问题的提出

对技术的伦理思考由来已久，从古代先哲庄子借圃者之口表达"有机事者必有机心"的忧虑，到近代卢梭认为科学与艺术的复兴使人们的心灵日益腐败，从法兰克福学派对技术理性大肆扩张所导致的效率至上、思维单向度的批判，再到作为应用伦理学分支的技术伦理学诞生后对工程事故、技术风险的关注，这些思考或隐或显，无不渗透着对技术发展的批判和技术后果的担忧。因此，早期的技术伦理通常也被称作"后思式的技术伦理"或"批判的技术伦理"。在这样的技术伦理框架下，伦理的核心诉求是对技术的后果进行批判和约束，但从外在于技术过程的伦理反思所推演出的道德原则和伦理解决方案通常与现实的技术实践相去甚远，其一味的批判性特征也难免导致技术工作者的反感与抵触，最终使得技术伦理学由于缺乏实践有效性而只能停留在反思层面，作为一种边缘力量存在。

在新的技术背景下，技术与社会、与人类的关系都发生了巨大变化。技术不仅融入了现代社会的总体架构和运行机制，甚至开始介入人类自身的形成和改造，使得人类与技术之间的界线越来越模糊。马克思在《哲学的贫困》中提道，"手推磨产生的是封建主的社会，蒸汽磨产生的是工业资本家的社会"[①]，显然，由生产力促动的生产方式的变革，将带动整个社会架构和生活方式都发生改变。然而，如果蒸汽时代和电力时代的技术只是在牛顿力学的经典时空

[①] 马克思，恩格斯. 马克思恩格斯文集：第 1 卷 [M]. 北京：人民出版社，2009：602.

框架下进行的变革，那么随着数智时代的到来，技术对社会图景和人类自身的改造则达到了一个新的水平：人工智能、机器学习、智能算法、新一代会聚技术（纳米技术、生命技术、机器人技术、信息和通信技术、应用认知科学，简称"NBRIC"）等形塑出更为复杂的人-技关系，区块链、物联网、元宇宙、数字孪生等造就了前所未有的虚实交互和时空格局。当前，这些极具变革性的新兴技术仍处于迅猛发展阶段，引发的伦理风险和问题也层出不穷，愈发凸显出技术伦理治理的紧迫性和必要性。与此同时，"科技向善、伦理先行"的治理要求对传统的"后思式""批判式"技术伦理提出了挑战，现实发展的需要促使学界必须重新定位对技术的伦理思考及对技术发展的治理模式，以更加全面恰当地概括技术与社会、与人类、与伦理的关系，为技术伦理治理提供更具现实解释性和实践有效性的理论框架。

在此背景下，本书尝试以"技术伦理实现"为基本线索探讨技术伦理学的新路径，挖掘技术的内在伦理意蕴，以及内在路径中技术伦理实现的机制问题。

第二节　研究意义

一、理论意义

第一，对"技术伦理实现"概念内涵的界定，有助于明确技术伦理内在的实践性诉求以及当前技术伦理实践困境的根源。作为应用伦理学分支而兴起的技术伦理学，其实践诉求体现为对技术的单向规范，实现思路则表现为道德原则在技术实践中的贯彻。因此，学界对技术伦理的困境分析也多半集中于抽象伦理原则与技术实践的割裂。本书分别以伦理的关系性特征及道德性特征为出发点，界定出技术伦理实现的两个维度，体现了技术伦理学的双重实践诉求，为分析技术伦理学的困境提供了新视角。

第二，对技术伦理实现内外路径的区分，有助于拓展并深化技术与伦理关系的研究。本书认为，技术伦理实现之所以会有内外路径的区别，是因为两种路径中所认定的技术形象、伦理角色是不同的，因而体现出的技术与伦理的关系也有所差别。以往对于技术和伦理关系的研究大多集中于技术对伦理的消极影响，以及伦理对技术的单向规范上，而对内在路径的研究会挖掘出新的技术形象和伦理态度，有助于拓展并丰富技术与伦理的关系维度。

第三，对内在路径中伦理主体的界定与划分，有助于明确新的人-技关系框架下人与技术在技术伦理实践活动中所扮演的角色和应当承担的责任。技术调解理论揭示了在微观层面人与技术物相互纠缠的状态，并且这种状态进一步延伸到了技术伦理实践中，使得伦理实践中的行动者呈现出"人-技"混合的形态。对此，本书通过关系论进路的伦理主体界定标准，将这种混合形态的伦理主体分为了面向平凡技术物的操作型道德能动体、面向人工智能体的功能型道德能动体和面向人类行动者的伦理型道德能动体。通过对各类伦理主体道德特性的界定，本书不仅丰富了技术人工物的道德内涵，拓展了技术伦理实践的参与者，并进一步明确了各类行动者的伦理责任，为提高技术伦理的现实解释性奠定了基础。

二、现实意义

第一，本书通过对技术伦理意蕴的挖掘，能够帮助整个社会形成正确对待技术发展的良好氛围，既不消极悲观，也不盲目乐观，而是积极地、审慎地担负起实现技术伦理潜能的责任。通过对技术发展过程的伦理伴随，促进技术的良性发展及人工物道德潜能的实现，最终达到技术发展与社会进步的相互促进。

第二，本书通过对技术伦理实现机制的构建，有助于明确各行动者群体在技术伦理实现中的责任及承担途径。此外，在内在路径的实现机制的基础上，构建符合中国语境、面向中国问题的本土化技术-伦理互嵌系统，为建立完善符合我国国情、与国际接轨的科技伦理治理体系，塑造科技向善的文化理念和保障机制增加合理的路径选择。

第三节　研究综述

张卫认为，技术伦理学要想成立，其首先的工作就是论证：技术为何是与伦理相关的。[①] 这一问题不仅是关乎学科合法性的理论问题，也是关乎技术伦理实践如何开展的现实问题。因此，对于技术与伦理关系的界定构成了研究技术伦理实现问题的理论前提。事实上，作为推动社会发展的重要力量，技术与各社会要素之间存在着密切的相互作用，与伦理的关系也随着社会历史的进程而变化。在不同的技术-伦理关系模式中，技术伦理实现的路径也会呈现出不同的倾向与特点，有着不同的实践效力。学界关于技术与伦理关系的讨论经久不衰并不断涌现出新的观点。通过对这些思想观点的整理，大致可以将技术与伦理的关系形态分为以下几种类型。

一、技术与伦理无涉

技术与伦理无涉，是建立在技术工具论基础上的一种对两者关系的认定。技术工具论，顾名思义，就是将技术视作工具，这是对技术最原初也是最普遍的理解。技术工具论的观点最早可追溯到亚里士多德对自然物与人工物的区分，在"四因说"的框架下，人工物的目的是外在于自身的，也就是说，技术与目的是分离的，是实现目的的工具或手段。在技术工具论的基础上，人们很自然地推论出了技术的价值中立论：技术作为可以服务于任何目的的工具，其本身不具备任何工具性之外的价值，因此也可以说技术是价值中立的。对技术好坏的判断是基于技术应用所带来的社会后果，这种判断并非道德判断，而是效用判断。技术的"好"体现为其能准确高效地满足人类的需要，"坏"则体现在实现人类目的时的低效或失效上。然而，就道德判断来说，一项技术既可以用来行善，也可以用来作恶，但都是基于使用者的目的，与技术本身无关。技术价值中立论的代表人物梅塞恩（Emmanuel Mesrthene）从一般意义上的工具

[①] 张卫. 内在主义技术伦理学研究 [M]. 北京：人民出版社，2023：3.

来理解技术，提倡将技术定义为以实践为目的的知识组织。① 在技术价值中立论者看来，"技术为人类的选择与行动创造了新的可能性，但也使得这些可能性处于一种不确定的状态。技术产生什么影响、服务于什么目的，都不是技术本身所固有的，而取决于人用技术来做什么"②。

在技术工具论的立场上，技术是价值中立的，是与伦理无涉的。这种观点盛行于近代西方社会科学技术的兴起阶段，并在一定程度上促进了近代科学技术的繁荣发展。在这一时期，自然科学从宗教的桎梏中脱离出来，以求真为目的、以客观为标准、以实证为方法，将自身与宗教、政治、伦理等知识体系区分开来，获得了极大的发展。在休谟所提出的事实与价值二分的框架下，求真、客观、实证就意味着摒除关乎善恶的价值判断，聚焦关乎真假是非的事实判断，即价值中立。而近代技术作为科学成果的应用与转化，不仅继承了自然科学的价值中立的方法论原则，也同样成为当时的人们摆脱禁欲与压抑，张扬主体力量的方式，是人们在好奇心和实用目的的驱使下探索物质世界的手段。于是，由韦伯所提出的"为科学而科学"的原则被继承并发扬为"为技术而技术"的口号，技术工作者的职责就是"努力将技术活动付诸实践以达到技术上能够完成的任何工作目标"③，而不必考虑技术应用的后果和承担社会责任的问题。

受技术工具论思想的影响，近代技术发展走上了一条"道术分离"之路。所谓道术分离，是指"技术不受伦理道德规范和约束的一种现象"④，其特点是"技术的'工具性'与'目的性'相脱离，技术不受'目的性'的约束而具有独立发展的空间"⑤。正是因为如此，在这一时期技术未能成为伦理反思的主题，而缺乏伦理道德约束的技术发展也很快在工具理性和资本逻辑的驱动下暴露出了深重的灾难性后果：资源消耗的加剧、环境问题的恶化、层出不穷的高

---

① EMMANUEL G M. The role of technology in society ［M］//ALBERT H T. Technology and man's future. New York：St. Martin's Press，1977.

② 赵乐静，郭贵春. 我们如何谈论技术的本质 ［J］. 科学技术与辩证法，2004，21（2）：46.

③ 陈首珠. 当代技术-伦理实践形态研究 ［D］. 南京：东南大学，2015：46.

④ 王前. 技术伦理通论 ［M］. 北京：中国人民大学出版社，2010：24.

⑤ 陈首珠. 当代技术-伦理实践形态研究 ［D］. 南京：东南大学，2015：46.

科技武器及应用、破坏力巨大的核事故，等等，从而最终宣告了"道术分离"之路的不可持续性。

二、技术与伦理互斥

技术与伦理互斥论，是指将技术与伦理道德完全对立起来的观点。类似的观点被表述为"技术与伦理排斥论"，具体表现为"将技术看作是道德的克星和人类走向堕落的罪魁祸首，主张放弃技术回到纯自然的生存状态中"①。而本书之所以将这种技术与伦理道德的对立观点概括为"技术与伦理互斥论"，旨在强调技术与伦理道德在二元分离基础上的双向排斥，具体表现为一方面将技术进步视作道德败坏的根源，而另一方面将伦理规范视为制约技术发展的枷锁，两者分属于不同的范畴，并存在着一定的张力。

关于技术对伦理道德的消极影响，自古以来中西方思想家都有过相关论述。中国古代思想家庄子在《天地》篇中借圃者之口提出："有机械者必有机事，有机事者必有机心。机心存于胸中则纯白不备；纯白不备则神生不定；神生不定者，道之所不载也。"② 庄子敏锐地看到了技术活动本身具有追求效率的特性——"用力甚寡而见功多"，并指出长期从事这种事半功倍、追求效率的技术活动会使人生出投机取巧的心思，不再具有淳朴空明的心境。类似的伦理反思在法兰克福学派的技术理性批判中得到了全面的展开。法兰克福学派承接了韦伯的"工具理性"概念和卢卡奇的资本主义物化理论，对实证科学基础上发展起来的现代技术活动及其所导致的工具崇拜、效率至上、事实与价值二分、思维的单向度等问题进行了更为深刻系统的批判。18世纪法国启蒙思想家卢梭在《论科学与艺术的复兴是否有助于使风俗日趋纯朴》中也指出，"随着我们的科学与艺术的日趋完美，我们的心灵便日益腐败"；"天文学诞生于人的迷信，雄辩术是由于人们的野心、仇恨、谄媚和谎言产生的，数学产生于人们的贪心，物理学是由于某种好奇心引发的。所有这一切，甚至道

① 王健. 论技术伦理规约 [D]. 沈阳：东北大学，2003：7.
② 陈鼓应. 庄子今注今译 [M]. 北京：中华书局，2016：329-330.

德本身，都是由人的骄傲心产生的"。① 然而，不同于卢梭提出的
"重返自然"的解决方案，中国古代的思想家们更倾向于"以道驭
术"，即用伦理道德规范约束技术的发展与应用。例如，儒家思想中
"以礼制器""藏礼于器"的观念，强调以礼制来规范器物的设计、
制造和使用，从而突出器物的文化功能；法家主张法度思想对技术
的规范作用——"释规而任巧，释法而任智，祸乱之道也"②。随着
技术对社会生活的全面介入，近代的技术批判学者则更进一步认识
到了放弃技术的荒谬性，尽管其批判是深刻的，但提出的解决路径
则通常是无力的。

　　作为应用伦理学的一门分支，技术伦理学的建制化发展始于 20
世纪六七十年代，其出现主要是源自对技术后果进行伦理反思和规
范的现实诉求。就其研究内容而言，应用伦理学对技术问题的关注
主要集中在具体技术的发展及其大规模应用所带来的伦理问题上，
例如网络信息技术与网络伦理、生物医疗技术与生命伦理、纳米技
术与纳米伦理、核技术与核伦理，等等。就其基本倾向而言，技术
伦理学侧重于关注技术的消极后果，也由此更多地表现出对技术的
批判性态度，研究的重点是采取何种伦理规范来约束技术的发展，
以规避技术对人类社会生活和精神世界的破坏。这一阶段的技术伦
理学，在实践路径上"涉及的是如何用伦理道德原则来规范科技成
果的应用，或者说是如何把伦理学的基本原理、原则和规范应用于
科技活动中"③，其背后的理论预设是技术与伦理的分离：一方面，
技术作为一个封闭系统而存在，它基于自身科学理性的逻辑发展，
属于知识论范畴；另一方面，伦理对技术的影响是外在于技术系统
的，属于价值论范畴。对技术的伦理反思作为一种社会因素并不会
触及技术实践本身，也很难产生实质上的影响。

　　就理论背景而言，近代技术伦理学的"技术与伦理互斥论"源
自西方二元论哲学的长期影响，且同样具有技术工具论的色彩。在

① 卢梭. 论科学与艺术的复兴是否有助于使风俗日趋纯朴 [M]. 李平沤，译. 北京：商务印书馆，2011.
② 高华平，王齐洲，张三夕. 韩非子 [M]. 北京：中华书局，2014：152.
③ 肖德武. 科学技术的伦理意蕴 [D]. 济南：山东师范大学，2007：12.

笛卡儿开启的二元论哲学中，主体与客体、人与物被形而上的鸿沟严格地区分开来。人的主体性是至高无上且不可侵犯的，而物的价值仅仅在于被主体认识和支配。因此，在互斥论的框架中，技术作为人性的对立面而存在，伦理学家把技术发展视作对人类主体性和文化多样性的潜在威胁，而技术伦理所扮演的角色就是时刻监督技术的发展状况并随时准备对技术的新进展"吹响口哨"，使其无法越过主客体之间的界线进而干扰、侵害到人的主体地位。这种一味批判技术而忽视其正面价值的态度很容易招致技术工作者的反感和抗拒，其提出的伦理规范大多是对技术发展的限制与约束，且主要寄托于技术工作者的个人道德素养与能力，缺乏较强的可操作性，且不确定性较高，很难达到预期效果。

此外，"人与技术"的二元关系由于延续了工具主义的视角被转化为"工具与使用者"的关系："工具'被动地'存在着，而工具的使用者操纵着、控制着工具，借助工具来达到自己的目的。如果在目的的实现过程中出现问题，作为工具的技术并非问题的承担者，而技术的使用者成为责任的完全承担者。"① 这种"工具－使用者"的关系话语不仅使技术的研发者隐身了，并给了他们充足的辩护理由——"枪不杀人，人杀人"，而且往往暗含着技术控制中的科林格里奇困境——"技术的后果在其发展前期难以预测，故虽可以进行控制却不知如何控制；随着技术的发展成熟，其影响日趋明显，虽知如何控制却很难对其进行控制"②。当一项技术已经完全进入使用场域，再去控制其负面效应、责难使用者，往往是非常苍白无力的。

三、 技术与伦理互嵌

技术与伦理互嵌论，指的是侧重于关注技术与伦理之间的双向作用的观点。这类观点既不过分强调技术对伦理道德的消极影响，也不执着于伦理对技术发展的外在规范作用，而是在着重考察技术与伦理互动机制的基础上，探讨技术的价值负荷，以及伦理因素嵌入技术发展过程的可行性，它追求的是在技术与伦理的互嵌状态下

① 杨庆峰，赵卫国. 技术工具论的表现形式及悖论分析 [J]. 自然辩证法研究, 2002 (4): 55.
② 邢怀滨，陈凡. 技术评估：从预警到建构的模式演变 [J]. 自然辩证法通讯, 2002 (1): 41.

实现技术发展、个体完善及社会进步的共赢互利。

技术的价值负荷论与技术工具论相反，认为技术在其工具性价值之外，还承载着伦理、政治、文化等社会价值，甚至还能代表一种终极价值，如安全、健康、美好生活等。这种观点在中外历代思想家的著作中均能窥得端倪：西方技术乐观主义者将技术视作人类克服自身缺陷并实现完美生活的手段；马克思关注到了技术在资本主义社会阶级统治中的权力属性，"生产过程的智力同体力劳动相分离，智力转化为资本支配劳动的权力，是在以机器为基础的大工业中完成的"，在此，机器不单单是资本剥削工人的工具，它本身就是资本——"由于劳动资料转化为自动机，它就在劳动过程本身中作为资本，作为支配和吮吸活劳动力的死劳动而同工人相对立"。① 儒家"以礼定制""纳礼于器"的造物思想突出了器物中凝聚的文化价值②；庄子尽管对"用力甚寡而见功多"的机械技术持反对态度，但也通过"庖丁解牛"的寓言表达了对身体技艺的推崇，体现出"道技合一""由技入道"的思想。

技术价值负荷论的进一步发展主要得益于在现代哲学语境下对技术本质的思考以及技术社会学对技术与各项社会要素关系的探索。海德格尔从存在主义现象学的角度出发将技术的本质视作存在的一种揭示性的展现方式，而现代技术则已经异化成了具有"促逼""限定"特征的"座架（Ge-stell）"。"座架"是限定的集合，将人与自然纳入到自己的框架之中，人在其中就是要通过技术去促逼和限定自然，而自然在其中就是要通过技术将自己以非自然（对技术有用）的方式展现出来。在现代技术的座架上，所有的事物都是出于技术需要而产生的，而它们的产生又是为了去产生别的技术产品。海德格尔将这种失去了独立性和对象性的事物称为"持存物（Bestand）"，并认为它表明了所有事物在现代技术世界中的存在方式——人亦在其中。芒福德以人类学的视角研究技术，将技术区分为"单一技术"与"综合技术"，他认为"单一技术"以权力为指向，其目的是经济扩张、物质丰盈和军事优先，违背了人性特征，使人类沦为了机

① 马克思，恩格斯. 马克思恩格斯文集：第 1 卷 [M]. 北京：人民出版社，2009：487.
② 徐朝旭. 中国古代科技伦理思想 [M]. 北京：科学出版社，2010.

器的奴隶；但"综合技术"以生活发展为指向，与生活的多种需要和愿望一致，因而提倡"综合技术"有助于恢复人在技术发展中的主体地位。① 在技术与政治关系的考察中，温纳从社会建构论的角度出发，指出技术可以改变权力行使及公民参与的方式，并通过摩西桥的案例进一步主张技术内在地蕴含着政治性。② 在技术与道德的关系考察中，维贝克的技术调解（technological mediation）理论通过个体层面的知觉调解和行为调解探讨了"技术物拥有道德"的可能性。他认为，人们的道德行动主要包括道德认知和道德行为，而技术物则可以通过对个体相关知觉和行为的调解，参与塑造个体的道德决策和行动，从而呈现出某种意义上的道德能动性。③ 此外，在国内学者的研究中，闫宏秀探讨了技术作为一个过程存在的价值选择——"技术过程有其自身发展的逻辑，因而技术有其相对的价值独立性，我们不否认技术自身建构价值选择"④。张卫分别从自由、信息、中介、权力四个角度论证了技术因其形式本身便具有伦理属性，驳斥了"'技术工具论'一贯坚持的技术本身无伦理属性，而只有技术的使用才具有伦理属性的观点"⑤。

对技术的价值负荷的探索启示人们，对技术的伦理反思不能局限于固化的道德评价，更不能采取先在的敌视态度。正如荷兰学者菲利普·布瑞（Philip Brey）所说，"技术除了道德价值，还有文化价值、社会价值、政治价值、经济价值、生物价值和个人价值等"⑥，对技术的评价应该与不同类型的价值和善恶标准相关联，并将技术评价的重点放在挖掘以新技术促进人类美好生活的种种可能性上。

另外，在对技术的情境性和社会建构性的考察中，学者们打开

---

① 刘易斯·芒福德. 技术与文明 [M]. 陈允明，王克仁，李华山，译. 北京：中国工业出版社，2009.

② LANGDON W. Do artifacts have politics? [J]. Daedalus, 1980, 109 (1)：121-136.

③ PETER-PAUL V. Moralizing technology：understanding and designing the morality of things [M]. Chicago：The University of Chicago Press, 2011.

④ 闫宏秀. 技术过程的价值选择研究 [M]. 上海：上海人民出版社，2015：93.

⑤ 张卫. 内在主义技术伦理学研究 [M]. 北京：人民出版社，2023：18.

⑥ 林慧岳，黄柏恒. 荷兰技术哲学的经验转向及其当代启示 [J]. 自然辩证法研究，2010 (7)：32.

了"技术黑箱",揭示了各种社会因素在技术发展中的影响和形塑作用,并在此基础上探索出了伦理因素嵌入技术发展过程的可能性。正如胡明艳指出的那样,在技术发展的过程中"诸多行动者和利益群体对抗、协商并在某些时刻、以某种方式或某种程度上围绕具体技术的意义与物质性聚拢到一起",而伦理考量在技术发展中的角色就是,"作为技术的塑造者之一,同其他行动者一起积极地参与技术未来的构建"。① 这种积极的伦理态度同样体现在维贝克所提倡的"技术伴随伦理(ethics of technology accompaniment)"中,他认为伦理应该伴随技术的发展、使用及社会嵌入。② 张卫指出,从"技术评估"到"技术伴随"的变化,实际上是变技术伦理学的"旁观"角色为"介入"角色。而对技术伦理学家来说,这意味着他们不仅仅是作为一个局外人来对技术的后果进行把关,而是参与到技术的整个设计和生产过程之中,"伴随"技术发展的整个过程。③ 王健在其博士论文《论技术伦理规约》中则更为系统地阐述了伦理规范如何介入技术发展的整个过程,包括技术设计阶段的伦理评估、技术试验阶段的伦理鉴定、技术应用阶段的伦理立法、技术推广阶段的伦理调整,并提出了以人道主义、生态主义、功利主义三大原则为基本框架的现代技术伦理制度化构想。④

技术与伦理互嵌论已经成为当今技术伦理学的主流观点和基本趋势,并在技术哲学经验转向的驱动下呈现出对具体技术物和技术实践的关注,以及对技术伦理有效性的追求。对此,菲利普·布瑞提出了"技术-伦理"并行的技术伦理学的研究策略:"关于技术的伦理研究与技术研究项目并行开展,对于这些技术研究项目的伦理问题研究同时又用于并行的伦理项目。伦理学家与工程师互动,从工程师的研究中学习,并帮助工程师鉴别和处理其研究中的伦理问

---

① 胡明艳. 纳米技术发展的伦理参与研究 [M]. 北京:中国社会科学出版社,2015:61.

② PETER-PAUL V. Technology design as experimental ethics [M] //SIMONE van der B, TSJALLING S. Ethics on the laboratory floor. London:Palgrave Macmillan, 2013:79-96.

③ 张卫. 当代技术伦理中的"道德物化"思想研究 [D]. 大连:大连理工大学,2014:67-68.

④ 王健. 论技术伦理规约 [D]. 沈阳:东北大学,2003.

题。"① 陈首珠等认为，这种"技术–伦理"并行研究实际上就是当前技术哲学界"实践转向"的体现，"将这种经验转向追究到底之后，它实际上就是拥有技术地实践与伦理地实践双向度有机结合的实践转向"②。当前技术设计伦理领域的研究热点——维贝克的"道德物化（materializating morality）"理论③、弗里德曼等的"价值敏感性设计（value-sensitive design）"方法④等，都是这种研究策略的体现，试图将人类价值贯穿于技术设计当中，使技术能够更好地为个体的道德完善和群体的美好生活服务。在这样的技术设计实践中，伦理所体现出的特征就是嵌入性和建构性的。

四、 研究评析

尽管当前学界就技术与伦理的互嵌关系达成了相对普遍的共识，并就此提出了一些开展技术伦理研究与实践的新理论与新方法，但现有的研究依然存在着一些不足之处。首先，在对技术的价值负荷的分析中，缺乏对技术所包含的伦理意涵的系统挖掘。维贝克的技术调解理论固然从知觉调解和行为调解的角度揭示了技术物拥有道德能动性的可能性，但从道德形成及发展过程的角度来看，技术的道德特性的实现机制仍然处于"黑箱"之中，需要更进一步的挖掘。其次，在对技术伦理实践的建构中，缺乏对技术的正向伦理效应的积极考量。例如，尽管在技术伦理规约路径中，一些学者已经注意到了技术对伦理的正向改造作用，但在具体的实践中却依然过于强调消解技术的负面伦理效应，而忽视对技术正向伦理作用的积极调动。这也是当下技术伦理实践领域的普遍倾向。最后，就现有的建构性技术伦理实践而言，缺乏面向技术整个发展过程的整合性伦理嵌入路径。尽管学界已经提出了"道德物化""价值敏感性设计"

① 菲利普·布瑞. 技术哲学：从反思走向建构 [J]. 王楠, 朱雅婷, 译. 工程研究, 2014 (2)：134.

② 陈首珠, 刘宝杰, 夏保华. 论"技术–伦理实践"在场的合法性：对荷兰学派技术哲学研究的一种思考 [J]. 东北大学学报（社会科学版）, 2013 (1)：18.

③ PETER-PAUL V. Moralizing technology：understanding and designing the morality of things [M]. Chicago：The University of Chicago Press, 2011.

④ BATYA F. Value-sensitive design [J]. Interactions, 1996 (6)：16–23.

等旨在更好发挥技术的伦理价值负荷的方法进路，但这些主要是面向技术的设计活动，而在技术发展的其他环节，如技术试验、技术推广、技术使用等环节中，仍然缺乏建构性伦理考量的系统嵌入。

总而言之，学界已然意识到了技术与伦理的互嵌性关系，并针对传统技术伦理的理论与实践困境提出了不同的解决方案。然而，这些解决方案或为抽象性的，或为片面性的，或为局部性的，并没有形成一个相对完善的、具有实践可行性的技术伦理实现路径，而这正构成了本书要努力研究的方向。

第四节　本书的创新点

第一，明确提出了"技术伦理实现"的基本概念，并界定出了技术伦理实现的关系性维度和道德性维度的双重内涵。在此概念框架下，从历史与逻辑结合的视角出发，厘清了现有技术伦理实践背后所蕴含的理论前提及实现思路，并从伦理目的的内在性、伦理主体的混合性以及实现机制的互嵌性三个方面概括出了技术伦理实现内在路径的基本特征及其内涵。

第二，从关系性进路出发对技术伦理实现内在路径的伦理主体进行划分，并在人与技术的互动关系中对各类道德能动体的形象进行了勾勒。具体来讲，一方面，通过对人工道德能动体的内涵界定，将技术对伦理道德的调解与技术作为人工道德能动体的潜能实现联系起来，便于对技术的道德调解机制的合理运行进行评估与引导；另一方面，通过对人类作为伦理型道德能动体的探讨，将伦理对技术发展全过程的伴随与人类道德潜能的实现联系起来，为重新树立起技术调解下的人类的新的主体性提供了思路。

第三，以技术与伦理的互嵌为主线探讨了技术伦理实现内在路径的实现机制，既包括技术在个体道德、群体道德及社会道德三个层面的调解机制，又包括伦理在技术设计、试验、推广及应用四个阶段的伴随机制。这种互嵌性机制的构建，明确了人与技术的伦理潜能的发挥机制，同时也构成了人与技术共在的应然性伦理关系的实现机制。

第一章

技术伦理实现的概念界定及路径划分

　　对技术伦理实现内在路径的界定，有必要从明确基本概念及路径划分的依据入手。从一般伦理学的基本范畴出发，技术伦理既包含对人与技术间应然性关系的反思，又涉及对技术伦理主体的界定及其道德特性的探讨。这也决定了技术伦理实现的双重内涵：既体现为人与技术间的应然性关系在实践中的落实，又意味着关系双方所应扮演的角色在行动中的彰显。在此基础上，技术哲学研究工程传统与人文传统的分野、技术伦理学的内在路径与外在路径之别，构成了技术伦理实现路径划分之所以可能的理论前提。技术伦理的产生与发展不仅来自一般伦理学的理论关怀，又是由其研究对象——技术的特殊性所决定的。因此，要界定技术伦理实现的内在路径，必须结合技术在发展过程中呈现出的特殊性，这种特殊性影响到了技术伦理实现的路径选择，使其呈现出伦理目的的内在性、伦理主体的混合性以及实现机制的互嵌性。

第一节　技术伦理实现的概念内涵

一、　技术伦理的基本内涵

（一）伦理的基本内涵

　　就伦理一词的本意而言，其首先体现为一种关系，即人与其相关的现实之间的应然关系。在中国传统哲学的语境中，伦理主要表现为一种人伦秩序。从词义上看，"伦"有辈、类、等、序之意，指世间万物的类属及序列，而"理"则指事物本身所包含的条理及秩序。"伦""理"二字连用，即表示事物的类属必有差别、序列必有秩序，因而需要用差别划分类属、用秩序调理序列，以达到万物各归其位、和谐相处的状态。结合中国传统思想的"人学特性"①，对事物类属秩序的研究主要以"人事"为对象，从而使伦理体现为一种人伦秩序。依照这种秩序，可以将人们归为不同的辈分，进而使人们在社会生活和相互交往中各遵其本分，彼此相倚相待和谐有序，而道德就是人们维护这种人伦秩序所应遵循的行为准则。在西方哲学的语境中，伦理同样具有关系性的特质。亚里士多德将伦理的善归结为政治的善，他认为人作为一种天生的政治动物，个体的德性必然是在群体关系与政治生活中体现出来的。群体行动的开展需要借助个体间的稳定关系，但由于个体知觉经验的有限性，因而必须外化出特定的伦理关系作为规范与标准，来帮助个体确认他者行动的意义及其与自身的关联，并在此基础上作出回应性行动。由此，伦理作为个体间的稳定关系为群体行动提供了可能性。而个体的"德性"之所以被亚里士多德赋予伦理上的"善"，也正是因为它们有助于形成稳定的群体关系及公共空间。此外，除了个体与个体之间的伦理关系，还存在着人与自身的伦理关系。例如，福柯从后现代主义的视角出发，通过考察性禁忌的历史提出了一种基于自我关系的伦理学："你与自身应该保持的那种关系，即自我关系，我称之为伦理学，它决定了个人应该如何把自己建构成为自身行动的道德主体。"②

在关系性维度之外，伦理还表现为伦理主体的道德特性，即"德性""品格""品质"等，因此也可以称为"道德性伦理"。这些德性或品格是伦理主体的身份得以确立的依据。康德的自律（autonomy）概念是这一类伦理的典型代表。作为康德伦理学的第一原则，"自律"确保了道德主体的尊严及其道德行为的价值。康德认为，人作为道德主体的尊严建立在其不依赖任何外在条件的自由意志上，而自由意志的彰显则是通过理性的自我立法而实现的。此外，

① 冯胜利. 从人本到逻辑的学术转型：中国学术从传统走向现代的抉择 [J]. 社会科学论坛，2003（1）：7-27.
② 米歇尔·福柯. 福柯读本 [M]. 汪民安，译. 北京：北京大学出版社，2010：306.

道德行为之所以有意义，也是由于它是理性自我不受外物干扰、完全凭借其自由意志而作出的选择与行动。在中国传统伦理当中也有类似的德性品质式的伦理表达，例如儒家思想中对于"仁"的诠释与追求。《中庸》有云，"成己，仁也。成物，知也。性之德也，合内外之道也"①。所谓"成己"，即实现道德主体——人之为人的可能性。儒家对于道德的诠释主要围绕"仁"这一核心概念展开，并通过"仁者，人也"的阐释将"仁"界定为人之所以为人的道德特征。因此，"成己"以人性为基础，主要强调道德对于个体的内在修养的规定性。所谓"成物"，即实现个体道德修养的外化。作为人的道德性本质规定的"仁"，不仅要外化于个体的行为准则，而且要落实到外在的自然与社会之中，成就事物可能的价值与功效。因此，"成物"以实践为要求，主要强调道德对个体行为实践的规定性。"成己成物"构成了儒家以"仁"为核心的道德性伦理维度对道德主体的双重规定性。

就以上两个维度的相互关系而言，伦理的关系性维度构成了道德性维度的规范性来源，而道德性维度则构成了关系性维度的现实性基础。诚如上文所言，伦理在本质上体现为一种关系，包含着人们对人与自然的关系、人与人的关系以及人与自身的关系的应然性状态的认知，这种"应然性"以人类共同体的良性发展为倚靠，构成了伦理在关系性维度上的规范性要求和价值取向。而作为针对伦理主体的规定性准则，伦理的道德性维度是人们在对应然性伦理关系与伦理秩序的自觉认识、维护和实践基础上形成的，是作为社会性的人在特定的社会关系和社会生活中实现的，包含着相对具体的指向性和实然性，也由此构成了应然性伦理关系和伦理秩序的现实基础，使其不至于沦为抽象的先验之物。综上所述，将伦理的关系性维度和道德性维度结合起来，可以得出，伦理就是人与其相关的现实之间的应然性关系，以及维护这种关系时所应遵循的道德原则和应当具备的道德品质。

（二）技术伦理的基本内涵

尽管对技术的伦理思考古已有之，但技术伦理作为一门显学则

---

① 樊东. 大学·中庸译注 [M]. 上海：上海三联书店，2013：105.

兴起于 20 世纪六七十年代。随着技术力量的凸显，现代技术的本质性变革以及在此境况下传统伦理学的缺失，为技术伦理的出现提供了历史与理论的双重必然性，技术由此成为了伦理学的研究对象。因此，就技术伦理的产生及本质而言，其基本内涵既来自一般伦理学的理论关怀，同时又是由其研究对象——技术的特殊性而决定的。

就伦理的关系性维度而言，技术伦理是在人类面对现代技术活动的急剧扩展及其对人类自身和社会生活的全面渗透的背景下，对人与技术的伦理关系进行的哲学反思中应运而生的。例如，法兰克福学派的"技术异化说"就是基于人与技术之间伦理关系的转变而提出的。"异化"之说之所以成立，正是由于人与技术之间的实际关系背离了人们对两者之间的应然性关系的一贯认知——技术的发展由工具变成了目的，而人类自身的存在则由目的沦为工具，作为工具性存在的技术凌驾于人类的主体性之上，超出了人类的掌控，由此出现了"异化"。

技术伦理对于人与技术间伦理关系的关注不仅源于伦理的关系性特质，也是由其研究对象——技术的特殊性导致的。在伊德所界定出的"人–技术–世界"的四大关系中，技术不仅作为"对象"而存在，也构成了人们认识和作用于外部世界的中介。传统伦理中的人与自然、人与人以及人与自身的关系，都由于技术的介入发生了变化：因工业技术发展所造成的人与自然关系的颠覆与紧张，因媒介技术的网络化扩张所引起的个体间关系的变化，因人工智能及生物医学技术的进步所带来的人与技术物之间界线的模糊，因数字技术和万物互联等技术所拓展出的崭新的虚实交互和时空格局，等等。这些变革无可避免地成为了技术伦理的主题，它们超越了应用伦理学的基本框架，引发了关于人、技术和自然三者关系的价值取向和伦理定位的思考。因此，从关系性伦理的角度出发，技术伦理所牵涉的"是对与技术打交道，以及对技术的后果和掌控的一种伦理反思。这种反思一方面是在具体的行为范畴之中，另一方面亦是在当前和未来人类发展过程中，以及在自然和技术、人和技术的关系改变过程中，对于技术所扮演的角色的总体思考"①。

伦理的道德性维度构成了技术伦理的另一重基本内涵：对技术伦理主体的道德特性（moral character）的探讨，它既涉及对技术伦理主体的认定，又包括对所认定的技术伦理主体的道德特性的分析。毫无疑问，在传统技术伦理的二元框架当中，技术伦理实践中的伦理主体只有且只能是人类。因此，技术伦理的道德性维度在其最初发展阶段表现为技术工作者——主要指以工程师为主体的职业伦理学，探讨工程师的职业伦理责任与行业道德，关注工程师对职业伦理守则的理解和遵守，并通过伦理教育使其能够按照相关规定解决工程实践中的伦理问题。然而，随着 20 世纪中后期生态危机的爆发及生态主义思潮的涌起，"大地伦理""动物权利"等口号相继提出，非人类自然物被纳入伦理共同体，从而打破了人类中心主义的二元框架，使传统的伦理主体出现了"道德能动体（moral agent）"与"道德受动体（moral patient）"的角色划分。

与此同时，随着以拉图尔为代表的当代技术哲学家对主客二元框架的超越，以及现代技术逐渐显现出的类人特质，技术开始成为伦理在道德性维度上反思的对象。尤其是自 20 世纪 90 年代开始，学界对技术的道德特性的探讨逐渐深入，人们不仅开始认识到技术承载着除工具性价值以外的伦理、政治、文化等社会价值，甚至通过对实践维度中道德行动的研究，以人类行动者的道德行动为相应的参照系，开始着眼于对技术物，尤其是机器人道德能动性（moral agency）的可能性探讨。此外，从现象学技术哲学和技术社会学的视角来看，人作为伦理主体的地位已然因为技术的解蔽作用而发生了改变：人的"在世之在"包含着技术的参与，纯粹的自由意志成为泡影，绝对独立的主体性不复存在。对此，技术伦理需要承担起构建新的伦理主体并彰显人的伦理主体性的时代重任。

技术伦理的以上两方面内容同样是相互关联的：对人与技术间伦理关系的探讨离不开对关系双方伦理角色的定位，而人或技术的道德特性又是在两者的伦理关系中体现出来的。例如，在人与技术对立的二元伦理关系中，人作为唯一的伦理主体，可以凭借自身的

---

① 阿明·格伦瓦尔德. 技术伦理学手册 [M]. 吴宁，译. 北京：社会科学文献出版社，2017：8.

主观能动性作用于技术客体；而技术物作为被动的存在者，其价值体现为被人类认识和支配，以彰显人类的主体性，由此产生了技术与伦理无涉，甚至认为技术是道德败坏的根源等观点；而在人与技术交织的新的伦理关系中，两者则呈现出了不同的道德特性：技术凭借其对人类知觉和行为的调解作用参与到道德实践当中，从而在一定程度上被赋予了"道德能动体"的地位①；而人类的伦理本质则不再建立于纯粹的自由意志之上，而是要通过参与共塑技术对人类的调解作用来主动构建起自身作为伦理存在的主体性②。因此，结合上文关于伦理基本内容的界定，可以认为，技术伦理就是人与技术间的应然性关系，以及维护这种关系时技术伦理主体所应遵循的道德原则和应具备的道德品质。

二、 技术伦理实现的含义

从词义内涵上看，"实现"即"使成为现实"，它同时包含了实现活动的过程及结果，且蕴含着主观与客观、精神与现实、理论与实践的统一。古希腊哲学家亚里士多德首先开启了对"实现"概念的探讨，并由此奠定了"实现"概念的基本范畴。在亚里士多德的《尼各马可伦理学》中，"实现"以目的及潜能的存在为前提，其基本含义有二：一是有目的的活动。实现与目的时有重合，当二者重合时，目的即实现过程本身。当两者不重合时，目的作为结果比实现活动的过程更有价值。二是与"潜能"相对，是运用潜能使其得以彰显的活动。③ 另一个对"实现"概念进行系统探讨的哲学家是黑格尔，他的"实现"观念与亚里士多德遥相呼应，认为"实现"即绝对精神辩证发展的过程，通过正—反—合的辩证发展达到主观与客观、精神与现实的统一。美国学者艾伦·伍德（Allen W. Wood）将黑格尔的伦理学定义为"一种自我实现的理论"，这种

---

① PETER K, PETER-PAUL V. The moral status of technical artefacts [M]. Dordrecht: Springer Netherlands, 2014: 17.

② STEVEN D. The care of our hybrid selves: ethics in times of technical mediation [J]. Foundations of Science, 2017, 22 (2): 311–321.

③ 杨建兵. 论亚里士多德伦理学的实现范畴 [J]. 武汉大学学报（人文科学版），2005（5）：540–545.

"实现"并不以特定的伦理法则或目的为前提，而是"从特定自我或身份的观念开始，这些观念想要得到发挥或实现以及在行动中表达和体现"。①

从伦理的关系性维度来看，伦理实现的过程就是伦理关系在实践活动中趋向合理有序的过程，伦理关系的应然性状态构成了伦理实现的首要目的。例如，在人际伦理中，个体要在尊重他人自由的基础上行使自身权利，以确保人与人之间关系的稳定及社会整体的合理有序运行；在生态伦理中，人类要在实现自身发展的同时尊重生态环境的地位与价值，使人与自然之间保持一种和谐与可持续的关系状态。因此，结合技术伦理的关系性内容，技术伦理实现就意味着使人与技术间的伦理关系趋向和谐有序。例如，近些年引起学界普遍关注的"负责任创新（responsible innovation）"理念，就是将可持续发展的目标落实在技术发展的实践领域，关注技术创新过程及其产品的"（伦理）可接受性、可持续性与社会赞许性，使得技术进步恰当地嵌入我们的社会生活"②，实现人类社会与技术发展之间的和谐关系。

从伦理的道德性维度来看，伦理实现意味着道德特性从潜能变为现实，具体表现为伦理主体在实践中对伦理潜能的运用与彰显。根据亚里士多德关于"实现"范畴的第二层含义，"实现"与"潜能"是一组相对的概念，"潜能"指向变化的能力，而"实现"则同时包含了变化的过程及结果，它既是对这种能力的运用，又是能力得以发挥的结果。例如，人通过正义的行为而证明其具有"正义"的潜能，最终成为一个正义的人；通过诚实的行为而证明其具有"诚实"的品质，从而成为一个诚实的人。因此，道德特性在未实现之前可以被理解为"伦理潜能"，并以德性、品格等形式对伦理主体提出规范性要求。结合技术伦理的道德性内容，技术伦理实现就表现为技术伦理主体的伦理潜能的彰显与发挥。例如，根据维贝克对

---

① 艾伦·伍德. 黑格尔的伦理思想 [M]. 黄涛，译. 北京：知识产权出版社，2016：49-52.

② RENÉ von S. Prospects for technology assessment in a framework of responsible research and innovation [C] //DUSSELDORP M, BEECROFT R. Technikfolgen abschätzen lehren: bildungspotenziale transdisziplinärer methoden. Wiesbaden: VS Verlag, 2012: 51.

技术物道德状况的分析，技术物所拥有的知觉调解和行为调解机制被认为是技术物道德特性的体现：通过具有特定意向的技术调解机制，技术物可以参与到道德决策和道德行动的开展中，对人类的道德活动产生非中立性的影响，从而体现出某种意义上的"道德特性"。在此，技术物的"伦理潜能"就体现为尚未进入使用情境的技术调解。而在约纳斯开启的责任伦理进路中，人类以负责任的形式对技术这一人类活动形式进行回应，从而彰显自身作为伦理主体所具有的自由能力。在此，"负责"既作为伦理主体的潜能而存在，又构成了伦理主体在技术实践中所应遵循的道德原则。

综上所述，技术伦理实现既体现为人与技术间应然性伦理关系在实践中的落实，又意味着技术伦理主体的伦理潜能在行动中的彰显。就实现的过程而言，伦理关系的落实与伦理潜能的彰显都有赖于外化的行动，属于同一技术伦理实现活动的两个维度；而从两者的关系而言，前者构成了技术伦理实现的最终目标，后者构成了技术伦理实现的实践表现，且人与技术间应然性伦理关系的实现有赖于技术伦理主体对道德原则的遵循及其伦理潜能的发挥。

第二节　技术伦理实现的路径划分

一、　技术伦理实现路径划分的理论依据

（一）　技术哲学工程传统与人文传统的分野

美国技术哲学家卡尔·米切姆（Carl Mitcham）在对技术哲学研究的历史考察中，将技术哲学研究分为了工程传统的技术哲学与人文传统的技术哲学，这两种传统的对立和矛盾运动构成了技术哲学不断向前发展的历史进程。①

就"技术哲学"的概念意涵来看，工程传统的技术哲学研究表现为"属于技术的哲学（technological philosophy）"，技术在此作为主语而存在，其研究主体多为工程师或具有工程知识背景的学者，代表人物有卡普、恩格迈尔、德绍尔等。米切姆指出，技术哲学作

---

① 米切姆. 技术哲学概论［M］. 殷登祥，曹南燕，译. 天津：天津科学技术出版社，1999.

为一种"自觉的行为",是在"工程师们试图反思他们的工作,并给他们的工作赋予更多的意义"① 的过程中出现的。一般而言,工程传统的技术哲学家倾向于直接使用"技术哲学"这一标题表明其研究内容,例如,技术哲学的明确起点通常被认为是德国学者恩斯特·卡普(Ernst Kapp)于 1877 年发表的《技术哲学纲要》。伊德指出:"工程传统的技术哲学是向技术倾斜的,有着对技术的偏爱"②,这种倾斜与偏爱同时表现在了这些学者的研究方法和对技术的态度上。就研究方法而言,工程传统的研究者们通常以技术为出发点,一方面深入到技术实践的内部,"以自然科学研究的实证方式对技术自身的性质进行研究,解析关于技术的概念、技术的方法论程序等"③,用"工程语言"谈论技术;另一方面工程传统的学者们从技术思维出发,"将技术活动方式看作了解其他各种人类思想和行为的范式"④,是用"技术语言"谈论世界。从对技术的态度上看,工程传统的学者倾向于以乐观积极的态度看待技术发展,认为技术的发展毫无疑问地能带来社会的进步。

人文传统的技术哲学研究主要表现为"关于技术的哲学(philosophy of technology)",技术在此作为客体而存在,其研究主体多为哲学家和人文学者,代表人物有芒福德、加塞特、海德格尔、尤纳斯、埃吕尔及第一代法兰克福学派等。人文传统的技术哲学研究主要关注技术的影响,以及技术与各种社会要素的相互联系,如技术与文化、技术与政治、技术与道德的关系等。就研究方法而言,人文传统的学者"大多采用宗教的、诗歌的或艺术的等非技术的或超技术的观点诠释技术意义,强调形而上学思辨的模式,侧重于抽象的语言——符号学的解释"⑤,因而也被米切姆称为"解释学的技术哲学"。就对待技术及其发展的态度来看,一方面,人文传统的研

① CARL M. Notes toward a philosophy of meta-technology [J]. Digital Library & Archives of the Virginia Tech University Libraries, 1995, 1 (1): 13-17.

② 唐·伊德. 1975—1995 年间的技术哲学 [J]. 郭冲辰, 樊春花, 译. 世界哲学, 2003 (6): 79.

③ 马会端. 实用主义分析技术哲学 [D]. 沈阳: 东北大学, 2004: 28.

④ 张铃. 西方工程哲学思想的历史考察与分析 [D]. 沈阳: 东北大学, 2006: 97.

⑤ 张铃. 西方工程哲学思想的历史考察与分析 [D]. 沈阳: 东北大学, 2006: 97.

究通常出于哲学的批判和反思精神，是由技术的消极后果触发的，因此他们倾向于怀疑技术发展，对技术本身持否定和批判的态度；另一方面，人文学者由于不了解技术的内部机制，通常从整体的和外在的视角出发将技术看作能够独立发展的自主性力量，认为技术不仅不受控于社会，反而会控制并奴役人类，因此，他们对控制技术发展和消解技术的负面影响同样持悲观态度，并具有较强的决定论色彩。

（二）技术伦理研究的外在进路与内在进路之别

工程传统与人文传统的分野不仅构成了技术哲学发展的基本内容，也进一步投射到了当代技术伦理研究领域，具体表现为技术伦理学研究的外在进路与内在进路的划分。关于这两种进路的区分最早是在荷兰学者依波·普尔（Ibo van de Poel）和维贝克于 2006 年合编的《科学、技术与人类价值》特刊——《伦理学与工程设计》中提出的。

根据普尔和维贝克的界定，技术伦理学外在进路的核心特征是"将伦理道德看作技术活动之外的一种规范性力量"①，忽视技术的形成和发展的内在动力与机制，只关注对技术应用的规范和对技术后果的批判。从研究的具体内容来看，外在进路的技术伦理学一方面包括了职业伦理研究，即关注技术工作者道德素养的提高和职业行为的规范；另一方面包括了应用伦理研究，即探讨技术进步及大规模使用可能造成的伦理问题，用传统的功利主义或义务论的伦理框架来分析并解决这些问题。从研究的视角来看，技术伦理学的外在进路直接规定了技术的先天存在，将其视作与伦理道德无涉的工具以及与人类主体性对立的客体，而技术伦理就是要捍卫人与技术之间的界线，在技术发展之外扮演起"监督者"的角色，以防止技术越界并对人的主体性产生威胁。

与外在进路相反，技术伦理内在进路的核心特征表现为将技术纳入伦理道德的考量范围，通过对技术活动内部机制和动力的研究，以动态性和内在性的视角探讨技术伦理问题。就研究内容而言，内在路径的技术伦理得益于技术哲学的经验转向，它既包括了从工程

---

① 张卫. 当代技术伦理中的"道德物化"思想研究 [D]. 大连：大连理工大学，2014：1.

传统出发对现实的、具体的技术实践和技术人工物的"黑箱"的打开，也包括了从人文传统出发在具体社会情境中对技术与道德、技术与人之间的关系进行考察。就研究的视角来看，技术设计过程，以及技术与伦理互动机制的打开，使得伦理学虽然丧失了独立于技术发展的外部立场，但也具备了嵌入技术实践内部的可能性与可行性。因此，内在进路的技术伦理学更倾向于采取动态的、建构性的态度面对技术物及其发展所可能造成的伦理影响，将对技术后果的道德可接受性（moral acceptability）所进行的非此即彼的外在评估，转变为在技术设计的动态情境中对技术的道德可取性（moral desirability）进行内在的分析与积极的建构。[①]

正如技术哲学工程传统与人文传统的分野对技术伦理学研究进路的投射，这种内在进路与外在进路的对立不仅体现在技术伦理学的理论研究思路上，而且进一步反映在了践行技术伦理的实践活动中，影响到了技术伦理实现的路径选择与措施采取。

二、 技术伦理实现内在路径的特征及内涵

路径，即到达目的地的路线，可引申为做事的方法、途径。结合技术伦理及其实现的概念内涵可以发现，技术伦理实现中包含着对伦理关系的落实、伦理原则的遵循以及伦理潜能的发挥等，蕴含着目的与过程的统一。因此，技术伦理实现的路径就体现为这种落实、遵循与发挥的过程，以及这一过程中所采取的方法、经由的路线。据此，结合路径划分的理论依据以及当前技术伦理领域的诸多新进展，技术伦理实现内在路径的基本特征可以通过以下要素的分析得以呈现。

（一） 伦理目的的内在性

从"路径"的概念可以看出，对路径的划分离不开对于路径所通达的"目的地"的界定。因此，对于技术伦理实现目的的界定构成了技术伦理实现路径划分的逻辑起点。作为目的的应然性伦理关系对于技术实践来说有内在与外在之分，这一区别直接决定了技术

---

① ASLE H K, NELLY O, PETER-PAUL V. Beyond checklists: toward an ethical-constructive technology assessment [J]. Journal of Responsible Innovation, 2015, 2 (1): 5-19.

在技术伦理实现中所扮演的角色，以及技术伦理实现的具体内容。在亚里士多德对"实现"范畴的定义中，目的比过程更有价值，根据目的与过程的关系不同，会对实现活动有着不同的理性认知与价值判断。只有当目的内在地蕴含在实现过程当中时，过程才具有同等重要的意义。就技术伦理实现而言，当技术内在地包含着伦理意蕴时，技术实践本身就具有了伦理实现的意义，从而具有了与伦理实现目标同等重要的价值，技术伦理实现就必然会超越原有的技术恐惧论或对技术发展的单向制约，将技术所可能包含的伦理潜能的彰显纳入技术伦理实现的考量当中。

因此，伦理道德之于技术活动的"内在性"构成了技术伦理实现内在路径的核心特征。就关系性维度的技术伦理实现而言，人与技术间的应然性伦理关系是在技术实践的过程中构建起来的，因而技术实践对于技术伦理实现活动有着积极意义。就技术之于人的最普遍价值而言，它扩大了人类的实践能力和范围，也就扩大了人们可以"自由选择"的空间，这种"选择"自然涉及"如何"与"应当"的伦理判断。正如维贝克在探讨技术设计活动的伦理意蕴时所指出的，"如果伦理学的主要问题是'人该如何行动'的话，设计者则协助塑造了技术物行为调解的方式，那么设计就应该被看作一种以物质的方式从事的伦理活动"①。就道德性维度的技术伦理实现而言，内在路径首先表现为承认技术物之于道德活动的积极意义，并强调在技术伦理实现过程中赋予技术物更多的道德能动性。与此同时，相对于技术物以发挥道德调解潜能及遵循道德准则为核心对伦理实现的参与，对于人的伦理潜能的实现来说，其关键不再是通过规范性的道德准则来维护自身凌驾于技术物之上的主体性，而是在技术伦理实践中"将自己建构成为自身行动的道德主体"②，这也意味着人类伦理潜能的实现从以准则为核心转移到了以行动为核心。总而言之，技术伦理实现的目的从"控制（steer）"技术以"保护（protect）"人性转变为了"治理（govern）"技术以"培养（cul-

---

① PETER-PAUL V. Moralizing technology: understanding and designing the morality of things ［M］. Chicago: The University of Chicago Press, 2011: 91.

② 米歇尔·福柯. 福柯读本 ［M］. 汪民安，译. 北京：北京大学出版社，2010：306.

tivate）"人性，其关键问题不是"在人与技术之间划出界限，而是如何在人与技术之间构建起相关性联系"①，以最终实现人与技术之间的应然性伦理关系。

（二）伦理主体的混合性

无论是亚里士多德的德性伦理学，还是黑格尔的自我实现伦理学，其中都蕴含着对伦理主体——人之为人的规定性的界定。长期以来，尽管不同的伦理学流派对于人之为人的本质有着不同的侧重与界说，如亚里士多德侧重于理性的能力、康德和黑格尔侧重于自由的价值、休谟侧重于情感的作用等，但伦理的主体毫无疑问都是人类。然而，日益复杂的技术实践活动对技术伦理主体的界定提出了新的挑战。传统技术伦理是一种建立在个体伦理学基础上的规范伦理学。个体伦理学意味着人类个体是唯一的伦理主体，然而这一规定已然受到了现代技术发展的冲击：首先，个体在现代技术社会所能起到的作用非常有限，不仅大科学和工业化时代的科学研究与技术发展呈现出了集体化、规模化的特征，政策制定者、企业部门，以及作为消费者和使用者的社会大众也都开始以群体的面貌参与到社会活动当中，只有融入到具有相同利益诉求的群体当中，个人的诉求才会对规模化的现代技术发展产生影响；其次，现代技术对人的身体和精神层面的深度介入使得人与技术之间的界线日趋模糊，纯粹独立的"人"已经不存在，取而代之的是"人-技混合体"。从后现象学技术哲学的视角出发，技术不仅参与构成了人们对于世界的认知方式与经验内容，甚至能影响人们对某种特定行动路径或行为方式的选择。在以行动为核心的技术伦理实现中，这种"人-技混合体"构成了伦理主体的基本存在形式，而技术伦理实现的内在路径就是在对这种混合性伦理主体的界定和责任划分中形成的。

伦理主体的混合性意味着技术伦理实现所涉及的一系列道德范畴将随之发生变化：道德决策和道德行为不再是由人基于其自由意志作出的理性选择，而是在人和技术物的共同参与与互动中完成的。与此同时，伦理主体的混合性使得伦理责任的划分更为复杂，呈现

---

① PETER-PAUL V. Accompanying technology: philosophy of technology after the ethical turn [J]. Techné: Research in Philosophy and Technology, 2010, 14 (1): 49-54.

出多元化的特征。一方面，由于技术物对伦理活动的参与，人不再是唯一的伦理主体，绝对的自主性不复存在，因此，技术伦理实现就无法完全依赖于人的主体能动性，而是应该充分考虑人与技术的互动机制，发挥"人-技混合体"在伦理实现中的复合能动性（hybrid agency）；另一方面，对技术物内在伦理维度的挖掘开启了伦理责任的新维度：人类伦理潜能的实现以及技术物对道德活动的参与实际上都是通过技术调解实现的。因此，建立在自由意志基础上的道德责任已经不再能满足对混合性行动体的责任划分，必须考虑远距离责任、非对称性责任等因素，将"人-技混合体"中围绕技术物的相关伦理责任进一步细分，赋予道德活动情境的具体参与者，如技术的设计者、使用者，甚至技术物，使其能够在技术实践活动中承担起相应的责任，并通过责任的履行将自身的伦理潜能变为现实，建构起人类不同于技术物的新的主体性，并最终实现人与技术之间的应然性伦理关系。

（三）实现机制的互嵌性

所谓"机制"，即生物有机体的构造、功能及其相互关系与运作方式，在社会学语境下可以进一步表述为事物或系统各部分之间的内在联系、相互作用以及实现其功能正常运作的运动规律。因此，本书所论技术伦理的实现机制，就是指在实现技术伦理目的的过程中，各方行动者以及各种因素相互联系、相互作用的关系及其协调方式。实现机制构成了技术伦理实现路径的关键，是技术伦理目标从理论走向现实的中间环节。具体而言，在技术伦理实现的过程中，涉及的利益相关者多种多样，包括了技术专家与工程师群体、政府决策者、人文学者、技术使用者、公众、社会组织，等等，其利益诉求和行动方式各不相同。此外，根据拉图尔的行动者网络理论，在打破了人与非人的界线之后，技术伦理实现的行动者呈现出了异质多样性：在人类行动者间的相互博弈之余，还存在着诸如自然资源、伦理规范、技术人工物、制度架构等非人行动者的影响。对此，厘清行动者之间的利益冲突及相互作用，确保各方行动者能够在技术伦理实现中各安其位、各司其职，实现良性互动，构成了技术伦理实现机制的主要内容。

对于技术伦理实现的内在路径而言，技术与伦理的互嵌构成了其实现机制的主体内容。其中，技术对伦理的嵌入机制主要体现为技术物的道德调解作用的发挥，即技术不仅能够通过影响个体的道德认知与行动来参与个体伦理潜能的实现过程，而且还能够介入并影响群体道德的生成与变迁，甚至对社会范围内的普适性价值产生调解作用。通过技术调解作用在不同道德层次上的发挥，技术物实现了其作为人工道德能动体的潜能。伦理对技术的伴随机制也贯穿了技术发展的全过程，包括技术设计阶段的伦理嵌入、技术试验阶段的伦理评估、技术推广阶段的伦理调适以及技术使用阶段的伦理建构。与此同时，这一伴随机制也可以看作人类伦理潜能的实现过程：在技术实践过程中的伦理嵌入、评估、调适和建构，无一不是人们对他者、对世界、对技术以及对自身的责任承担，无一不是技术情境中人类对于自身伦理主体性的积极重构。

综合以上基本特征的界定与分析，技术伦理实现的内在路径可以被定义为：在技术伦理实践中，以一种混合性的视角将技术实践及技术物纳入伦理实现的活动范畴之中，通过技术对伦理的调解机制以及伦理对技术的伴随机制的运作，彰显人与技术物作为混合性伦理主体的伦理潜能，并最终确保人与技术间应然性伦理关系的落实。

第二章

技术伦理实现内在路径的缘起

技术伦理实现内在路径有着深刻的历史渊源、现实基础、理论萌芽与时代契机。就其历史渊源而言，西方技术乌托邦主义中对于技术与伦理关系的乐观主义态度、中国传统道技合一思想中对于技术教化功能的探索，构成了技术伦理实现内在路径追求技术发展、人类完善与社会进步三者协同发展的重要思想资源；就其现实基础而言，现代技术实践中伦理诉求的凸显、技术伦理研究中实践旨趣的复归，以及技术伦理实现外在路径的式微，从不同的领域、不同的视角出发、彼此呼应，构成了技术伦理实现内在路径的现实必要性；就其理论萌芽而言，技术伦理规约路径以其"道术协同"的技术-伦理观，以及对技术发展的过程规约构成了技术伦理实现内在路径的萌芽形态；就时代契机而言，技术伦理实现的内在路径的出现与当前技术哲学领域诸多转向的交汇密切相关，工程传统与人文传统的融合使得"面向技术本身"的内在主义视角成为可能，而经验转向与伦理转向的交汇则将这种视角进一步引入到了技术发展过程之中，在此基础上，新兴科技伦理治理的发展则为伦理因素在实践层面真正嵌入技术过程提供了方法和制度层面的支撑，最终造就了技术伦理从理论走向实践的重要契机。

第一节 技术伦理实现内在路径的历史渊源

一、 西方技术乌托邦主义中的伦理维度

从古希腊时期柏拉图的《理想国》到近代早期英国学者托马

斯·莫尔的《乌托邦》，"乌托邦"一词在长期的演化中发展出了两层含义：它既代表人类对完美社会的构想与追求，又暗含着这种构想与追求的徒劳。在西方思想文化的语境中，乌托邦主义的双重意涵揭示了人类的道德理想与社会现实之间的巨大鸿沟；但就社会历史的发展进程而言，乌托邦主义似乎又暗示着人类社会或许正在朝向我们所设想的某种理想状态演进。德国哲学家恩斯特·布洛赫（Ernst Bloch）在《乌托邦精神》中探讨了人类乌托邦精神的本质，认为它是人类对"尚未存在"的一种希望和期待，这种"希望"不仅是人的主观诉求，也包含着客观的现实性。而在以"希望"为本体的具体的乌托邦实践中，技术作为人与自然的中介，构成了人类社会从潜在到趋向、从无到有的发展动力。①

在社会现实层面，17 世纪科学与技术力量的崛起构成了技术乌托邦主义诞生的历史背景。当时的一些学者开始相信，人们可以凭借科学理性的筹划与技术手段的运用来实现理想社会的蓝图，这就是技术乌托邦主义的主旨。美国学者霍华德·塞迦（Howard P. Segal）在其专著《美国文化中的技术乌托邦主义》中梳理了近代西方乌托邦主义思想家关于技术的讨论，并将技术乌托邦主义总结为"宣称技术是实现乌托邦社会手段的一种思考模式和活动模式"②，而此处的乌托邦社会不仅意味着人类力量的最大发挥，而且也必定能够带来美德的最大程度的实现。

作为技术乌托邦主义的原型，弗朗西斯·培根的《新大西岛》充分展示了科学技术在实现乌托邦社会过程中的主宰性作用。在新大西岛上，国家政府机构的实质是由科学家、社会学家、哲学家等众多学者构成的科研机构，学者们通过拓展知识、进行实验、发展技术等手段来增加社会福利、驱除疾病、提升人体机能等；与此同时，由于尊重和服从自然的规律，人们在婚姻、职业、生活等各方面都能合于美德与规范，从而实现了人类社会整体的道德进步。③ 与

---

① ERNST B. The spirit of Utopia [M]. Palo Alto：Stanford University Press，2000.

② HOWARD S. Technological Utopianism in American culture [M]. Chicago：University of Chicago Press，1985：10.

③ 弗朗西斯·培根. 新大西岛 [M]. 何新，译. 北京：商务印书馆，1979.

培根的《新大西岛》相比，圣西门所构想的理想社会凸显了科学与技术在实现乌托邦社会过程中的不同作用：一方面，他主张用机器大生产的组织原则构建社会，将管理活动置于统治活动之上，以发展生产的方式来实现包括物质繁荣和精神繁荣在内的社会进步；另一方面，圣西门主张以科学代替宗教作为工业社会的精神信仰，以补充由工业原则构建起来的技术乌托邦社会在伦理层面的缺失。①

除了在宏观层面探讨技术发展对社会伦理的促进作用，英国功利主义哲学家边沁所设计的"圆形监狱（panopticon）"则清晰地呈现了技术如何能够在微观层面促进人们的道德自觉和完善。按照边沁的构想，圆形监狱由一个中央瞭望塔楼和呈环形围绕四周的囚室构成。囚室中的囚犯互相隔绝，但都暴露于瞭望塔的监视之下，使其时刻感受到被监督的压力及其不当行为可能带来的风险。按照理性主义的伦理原则，在通过设计构造出的理想世界中，技术有助于澄清行为及其后果之间的关联，强化人们对其行为后果的感知，从而促使人们按照功利主义的最大化原则趋利避害，提高自身的道德自觉，理性地采取行动。在现代社会，得益于互联网、物联网、大数据等技术的发展成熟，类似于圆形监狱的设计形式已然得到了运用。按照政府部门的构想，由无处不在的监控摄像头构成的社会安防体系不仅为犯罪案件的取证与侦破提供了便利，同时也构成了对可能发生的犯罪行为的威慑，从而迫使人们打消犯罪意图，规范自身行为。

从以上技术乌托邦主义的典型观点来看，其主要特征就是以一种乐观主义的热情面对人类社会与技术发展相互交织的状态，认为技术发展毫无疑问地能带来人类物质与精神的双重进步。具体到伦理层面，技术则被看作社会道德状况良好运行的有力支持：圆形监狱的设计有助于纠正被监管者的不良行为，而同样的原理可以被用于改善和提升整个社会的道德风气。从第一次工业革命开始到19世

---

① 昂利·圣西门. 圣西门选集［M］. 董果良，赵鸣远，译. 北京：商务印书馆，1985.

纪末①历史发展的现实进程来看，这种乐观主义的态度使人们开始有意识地加快技术发展的步伐，仿佛技术已经向人们许诺了一个完美社会：物质产品极大丰富、疾病和痛苦得以有效缓解、犯罪率极大降低、美德得以实现，人们将通过技术的进步逐渐达到个体与整个人类社会的完美状态。

从更深层次来说，技术乌托邦主义的乐观主义态度建立在对技术的工具主义认识的基础之上。从工具主义的视角出发，技术是人类为了满足自身需要而创造的工具，人与技术之间的关系表现为人支配技术，技术服务于人类的目标与意图。与此同时，在技术乌托邦主义者眼中，作为工具的技术不仅不属于目的范畴，而且是人类理性进步的产物。技术对于人类需要的"满足性"构成了技术可靠性的表现，因此，技术本身及其发展对于人类社会来说总是且必然是有益的，人的价值实现、幸福追求等都可以建立在技术发展的基础之上，而伦理美德则必然会伴随着整个社会的进步得以最大程度的实现。

二、 中国传统道技合一思想中的伦理维度

早在先秦时期，中国的思想家们就已经关注到了伦理道德与技术的关系问题，形成了以"道技合一"为核心特征的中国传统技术伦理思想。《易经·系辞》有云，"形而上者谓之道，形而下者谓之器"②。尽管儒家、道家、墨家等不同学派对于"道"的理解与表述各有侧重，但他们都认为形而上的"道"与形而下的"器"在本质上是契合的："道"下贯于"器"，"器"应该符合"道"的规定、彰显"道"的精神。

儒家"道技合一"思想的伦理维度主要表现为"以礼制器""藏礼于器"的"礼""器"关系。作为儒家学说的核心概念之一，"礼"在国家层面上体现为"维护等级制度"的礼，在日常生活中

---

① 自 19 世纪末 20 世纪以后，技术发展的工业化进程中开始产生规模化的非主观意愿的社会问题，如重大技术事故（切尔诺贝利核电站爆炸、福岛核电站核泄漏），生态环境危机（空气污染、自然资源衰竭、臭氧层空洞、全球气候变化）等，使得人们对与技术发展密切相关的人类社会的前景产生了怀疑，并开始思考和衡量技术可能带来的正面和负面效应。

② 兰甲云. 周易通释 [M]. 长沙：岳麓书社，2016：264.

表现为"创造人情制度"的礼。① 从伦理维度上来说,"礼"构成了以"仁"和"义"为核心的儒家伦理的具体规范。所谓"以礼制器",是指在"礼"的介入下,器物的设计和制造都包含着特定的社会文化指向,"具有确立主人身份地位、显示尊卑关系、表达虔诚和敬畏、象征使用者的权力和地位等作用"②。商周时期始建礼器制度,礼器在种类上包括祭祀用品、官服、配饰等,而各种器物的名称、规格、质地、用法都有着严格的规定,彰显着对人与人、人与自然之间伦理关系的认定。而从结果上看,器物构成了"礼"的实体化:一方面,作为社会伦理关系的载体,藏礼之器实现了"礼"的象征性意味在物质层面的呈现与表达;另一方面,器物直接影响着人们围绕它们所展开的一系列社会活动和认知内容,在一定程度上发挥着稳定社会秩序、进行道德教化的作用——"礼"的规范性意味通过器物得以实现。因此,从"礼"与"器"的关系来看,儒家思想不仅认识到了应以伦理原则规范、指导技术物的设计、制造和使用等活动,更指出了技术物及技术活动对于伦理道德的反向促进作用——"有器然后得行其礼,故曰器以藏礼"③。

道家"道技合一"思想的伦理维度主要表现为"由技入道"的"道""技"关系。《道德经》有云:"道生一,一生二,二生三,三生万物。"④ 鉴于"道"在道家思想中所拥有的本体论地位,它既涵盖了世界的本原与规律,又指涉了道德的最高准则。因此,作为统摄一切的"道",必然存在于一切事物当中,并且构成了人类活动的最终道德指向。与儒家所关注的器物层面的技术不同,先秦道家学派所谈论的"技"更多地指向了切身操作层面的技术,或可称为身体性的"技艺"。在此基础上,道家所论的"道技合一",主要表现为"出神入化的技艺操作和巧夺天工的技术创造"⑤ 与"道"的境界的融汇契合,"技术成了展示'道'、表现'道'的品质的载体或

① 熊嫕. 器以藏礼:中国设计制度研究 [D]. 北京:中央美术学院,2007:45.

② 付小平. 藏礼于器:中国餐具的礼仪教化功能研究 [J]. 西南民族大学学报(人文社科版),2009(9):226.

③ 王国轩,王秀梅. 孔子家语 [M]. 北京:中华书局,2011:483.

④ 汤漳平,王朝华. 老子 [M]. 北京:中华书局,2014:165.

⑤ 徐朝旭. 中国古代科技伦理思想 [M]. 北京:科学出版社,2010:186.

手段，技术的运用过程也就是'道'的展现过程，体现着技术主体对'道'的领悟和把握"①。而技术活动的目标，不仅在于求真——探索掌握作为世界本原和自然规律的"道"，也在于求善——追求体悟作为伦理旨归和道德指向的"道"。这种"由技入道"的伦理实现过程在庄子的诸多寓言故事中都有所体现，如庖丁解牛、津人操舟等。《庄子·养生主》中讲到庖丁解牛，"手之所触，肩之所倚，足之所履，膝之所踦，砉然向然，奏刀騞然，莫不中音：合于《桑林》之舞，乃中《经首》之会。"② 这显然已经不仅仅是一场技术的展示，而是一场让表演者和观看者都陶醉其中、油然而生酣畅淋漓之感的艺术性表演。庖丁的这种"技艺"已经成为一种内在于其身的本能，"以神遇而不以目视，官知止而神欲行"③，从而达到了"道"的境界——"臣之所好者道也，进乎技矣"④。这就是道家所推崇的与"道"合一的技术：它是达致"道"的境界的途径，也是对"得道"的品质的彰显；通过在技术活动中自身的体悟感知"道"的存在，进而忘却自身，达至"清净自然""无所待"的"道"之境界。

墨家"道技合一"思想的伦理维度主要表现为"义利统一""兼利天下"的"义""利"关系。不同于儒家的"仁""礼"之"道"、道家的"自然天道"，墨家所崇尚的"道"表现为"义利统一"，具有鲜明的功利主义色彩。墨子认为，"义"应当以"利"为内容、目标和准则，"利"的平等性构成了"义"的正当性，也构成了技术活动的伦理维度。首先，"利"是衡量判断事物是否合乎"义"的标准，因此，求利之"技"尽管有巧拙之分——"利于人谓之巧，不利于人谓之拙"⑤，但却在本质上具有了"义"的可能性——"为天下兴利除害"；其次，"兼利天下"构成了指导技术发展的首要伦理原则。"兼相爱、交相利"作为墨子提出的社会伦理理想，构成了一种平等为民的技术发展观。技术所求之"利"并非个

① 刘志军. 论先秦道家科技伦理思想 [D]. 长沙：长沙理工大学，2010：29.

② 陈鼓应. 庄子今注今译 [M]. 北京：中华书局，2016：102-103.

③ 陈鼓应. 庄子今注今译 [M]. 北京：中华书局，2016：103.

④ 陈鼓应. 庄子今注今译 [M]. 北京：中华书局，2016：103.

⑤ 吴毓江. 墨子校注：下 [M]. 孙启治，点校. 北京：中华书局，1993：724.

人之利，也非统治阶层之利，而是天下万民之利。因此，在发展技术时，"凡足以奉给民用则止，诸加费，不加于民利者，圣王弗为"①，即应当侧重于发展能够满足百姓基本生活需求的民生技术，避免追求奢侈享受，"凡是不能改善百姓基本物质生活条件，而又增加费用的技术活动和器物制造应予以禁止"②。

相较于西方技术乌托邦主义所透露出的乐观主义态度，中国传统"道技合一"思想中的伦理维度显得更加审慎：无论是儒家、道家还是墨家，在强调技术对"道"的彰显及促进作用的同时，并没有忽视技术的负面作用，始终强调要将技术发展纳入"道"的统摄之下，用"道"的伦理维度规范技术的发展与使用。例如，儒家反对"奇技淫巧"，强调技术制作者切勿"作为淫巧以荡上心"，警醒技术使用者不能"玩物丧志"；道家对技术可能造成的"道之不载"的忧患意识更为突出，对"机械之术"所造成的"有所待"的状态的警惕实际上就是对技术异化的警惕；即使是"重利贵用"的墨家，也并非一味追求技术的无止境发展，而是要侧重于发展民生技术，且以"非攻"为原则主张技术的和平利用。

以上审慎的伦理态度背后，是中国传统技术哲学思想所蕴含的丰富技术观。相对于将技术完全纳入人类控制之下的工具主义观点，人与技术的关系在中国传统语境中更为辩证：技术一方面是人的造物，能够按照人类的意愿负载起丰富的物质及文化价值，承担起造福民生、教化民众的作用；另一方面外在于人的技术也存在着"异化"的风险，会导致人们由于过于依赖技术、一味追求"奇技淫巧"而陷入失礼、丧德的无道境地。因此，在这种辩证的人-技关系的认知下，中国传统技术伦理思想始终保持着对"道技合一"中伦理维度的审慎态度，时刻警惕着技术可能带来的伦理层面的消极影响。

---

① 吴毓江. 墨子校注：上 ［M］. 孙启治，点校. 北京：中华书局，1993：249.
② 徐朝旭. 中国古代科技伦理思想 ［M］. 北京：科学出版社，2010：178.

第二节　技术伦理实现内在路径的现实基础

一、现代技术实践中伦理诉求的凸显

随着工业化进程的推进，现代技术所带来的规模化效应和社会问题使得现代技术实践中的伦理诉求日益凸显，技术工作者基于其职业身份的自觉与反思，开始了行业内部对技术实践所涉及的伦理问题的思考与探索。

技术行业内部的伦理规范最初是以工程师协会的职业伦理章程的形式出现的，其核心伦理诉求经历了从"忠诚于雇主"到"对公众负责"再到"关注全球问题"的发展演变。1912 年，美国电气工程师协会（AIEE）提出了第一部伦理章程，要求工程师"把保护客户和雇主的利益作为他的首要职业责任，并且要避免一切违背这个职责的行为"①。根据该章程的规定，当工程活动中发生利益冲突时，工程师必须以忠诚于雇主作为首要选择。然而，这种过分强调以雇主利益为上的伦理规范，自提出之日起就遭受到广泛的批评，甚至造成了严重的工程事故。20 世纪 70 年代发生的福特斑马车油箱事件以及 DC-10 飞机坠毁事件，事故的根本原因都在于在雇主与公众发生利益冲突时，"从事研发活动的科学家和工程师将利润和效率放在了首位，而忽略了对公众安全、幸福和福祉的关注"②。因此，工程职业伦理的核心诉求逐渐发生了转变，开始强调工程师应该将公众的安全、健康和福祉放在首位。其中，"公众"既非特定情境中的每一个个体（这意味着每个个体的安全利益标准必须一致，从而导致公众责任过于轻微），也非特定情境中的全体（这意味着工程活动必须无损于所有人的安全利益，从而导致工程师需要承担的公众责任过重），而是指那些"缺乏信息、技术知识或深思熟虑的时间，

---

① SCHINZINGER R, MARTIN M W. Introduction to engineering ethics ［M］. New York：McGraw Hill, 2000：829. 转引自 仲伟佳. 美国工程伦理的历史与启示 ［D］. 杭州：浙江大学, 2007：11.

② 仲伟佳. 美国工程伦理的历史与启示 ［D］. 杭州：浙江大学, 2007：13.

因而会或多或少地受到伤害（当工程师代表客户或雇主行使权力时）"①的"无辜人群"。而后，随着经济全球化以及生态环境等问题的出现，工程师的责任范围再次扩展，其职业伦理规范中增加了保护环境、维护生态平衡、提倡可持续发展战略，以及关注全球视野中的工程活动、文化冲突等内容。这些伦理规范作为工程师职业守则的一部分，被纳入了工程教育当中，成为工程师培养及职业活动的必要指南和参考。

除了工程师群体的职业自觉与自治，技术实践中的伦理诉求还发源于对现代技术实践核心环节——设计活动的反思。设计活动作为一种处理人、物、环境之间关系的创造性实践，并不仅仅是简单的"功用为先"的造物活动，也并非纯粹审美或美学概念的表达，而从根本上是"人类的生活意向和价值观念的全面体现"②。因此，在摆脱了以"生存至上"为核心追求的物质基础极度匮乏的阶段之后，现代设计活动开始更多地呈现出更高层次的伦理诉求。早在现代设计发轫之时，设计领域就已经存在着对设计目的及原则的伦理考量，其核心伦理理念表现为追求平等与尊重，即设计应该为大众服务、关注人的尊严。尤其是伴随着工业革命的发展和规模化生产的出现，设计开始呈现出标准化、精密化的特征，它不再只是服务于统治阶级的精美装饰，而成为了造福于普通大众的实用产品。美国设计理论家维克多·帕帕奈克（Victor Papanek）在《为真实的世界设计》一书中更进一步提出，设计不仅要为社会大众服务，更要为老人、残疾人甚至第三世界的人民服务。③ 此外，对人的尊严的关注也在现代设计的"功能主义"特征中凸显出来：功能主义强调在产品设计时应当关注"人机关系"，既要保证使用安全，也要尽可能地提高使用的舒适感，以减少人的劳动强度，维护并提升人的尊严。

在后工业化时代，工程设计活动的伦理诉求更加多元，传统的以人为终极目的的人本主义理念已经无法再适应现代社会所呈现出

---

① 迈克尔·戴维斯. 像工程师那样思考 [M]. 丛杭青，沈琪，译. 杭州：浙江大学出版社，2012：97.

② 周智. 基于伦理思想的设计理念分析与研究 [D]. 长沙：湖南大学，2008：6.

③ 维克多·帕帕奈克. 为真实的世界设计 [M]. 周博，译. 北京：中信出版社，2012.

的后人类主义（post-humanist）特征。首先，面对日益严峻的环境问题，生态意识的觉醒使工程设计者意识到人类只是整个生态系统中的一环，必须抛弃人类中心主义的价值选择，"寻求一种整体的、全球的、生态的平衡"①。其次，基于药理学、外科学以及会聚技术而出现的"人类增强技术（human enhancement technology）"，使得技术对人的介入程度前所未有地加深，引发了关于人类自然本性及其未来的讨论：在身体甚至精神层面的技术改良是否对人的自然本性构成了影响？人类"是否还能继续把自己当作我们自己历史的独立撰写者，并且认可我们自己是互相之间有行动自主权的人"②？对此，工业化时期基于设计师自身的道德情感与道德自觉而形成的话语式的伦理诉求已经无法应对日益复杂的社会问题，技术设计实践需要一种更为规范、更具指导意义的道德原则，以应对现代技术发展所带来的挑战性变革。

纵观现代技术实践中伦理诉求的凸显及演变历程，可以发现，伦理诉求的出现归根结底是源于技术实践中的"失范（anomie）"现象。这种失范现象大致可以分为两种情形，其一表现为因"规范标准的不确定性"而导致的失范。根据"失范"概念的提出者——法国社会学家埃米尔·涂尔干（Emile Durkheim）的观点，"所谓规范不仅仅是一种习惯上的行为模式，而是一种义务上的行为模式"③，而"失范"即在现代化发展的过程中，因共同信仰、价值体系的崩溃而导致的社会失序、规范瓦解的状态。面对现代技术开拓出的人类行动的新的可能性，现有的标准框架无法继续为人们提供有效的评估及决策依据。例如，在围绕"人类增强技术"的争论中，究竟是应该基于对人的自然本性的保护而采取否定或限制态度，还是应该从后人类主义的视角出发将其视作人类克服自然本性的有力措施，人们各执一词，无法达成共识，因而也就无法形成规范人类增强技术发展的标准框架。

---

① NIGEL W. Design for society [M]. London：Reaktion Books, 1998：170.

② 约翰·S. 阿赫，贝娅特·吕腾贝格. 人类增强 [M] //阿明·格伦瓦尔德. 技术伦理学手册. 吴宁，译. 北京：社会科学文献出版社，2017：504.

③ 埃米尔·涂尔干. 社会分工论 [M]. 渠敬东，译. 北京：生活·读书·新知三联书店，2000：17.

除此之外，技术实践"失范"现象的另一表现是技术实践无视或不遵循既定的伦理道德规范。这类现象可以用默顿的"失范"理论进行解释，即"文化提供的价值目标和社会结构提供的为实现这一目标的手段的不一致"①。例如，作为人类追求美好生活的重要手段，技术所造成的环境问题却构成了对人类社会可持续发展的严重威胁，这在很大程度上是由于在发展技术的过程中一味追求本地区当下的经济效益，而无视全球性的长期的生态正义。当然，如果深究技术实践的第二种失范现象背后的根源，就会发现现存的伦理道德规范之所以会被无视，同样是因为人们尚未就此达成共识，或者说所达成的共识只停留在抽象的价值关怀层面，并未被细化为具有确定性和约束性的道德细则与标准。

二、 技术伦理研究中实践旨趣的复归

近年来，技术伦理领域对自身实践维度的重视程度越来越高，学者们不仅将目光转向了现实生活中的技术物及技术实践活动，而且开始尝试在与外界的对话中寻求话语权及伦理思考的实践有效性。这不仅是基于学科发展的现实需要，也是由于哲学实践旨趣的复归。

技术伦理学是随着技术的发展而产生的一门新兴学科，其理论资源主要来自应用伦理学对技术问题的关注以及技术哲学对技术的伦理反思。从应用伦理学的视角来看，技术伦理学在诞生之初即具有典型的"应用"特征：对现实技术问题的关注，以及其研究方式——运用成熟普遍的伦理原则去分析解决技术实践中具体的、有争论的道德问题。然而，随着技术伦理学的建制化，其"应用性"特征中的现实关怀在学科化的发展模式中逐渐淡化，主要表现为学者们对技术伦理问题的回应越来越局限于学科划分的体系之内，他们对技术问题的关注只在于"获取足够的案例以支撑和丰富专业领域的学术讨论"②。换句话说，学者们只是在学术的象牙塔内"讨论"技术的伦理问题，而非真正地"应用"伦理学去分析、澄清技术伦

---

① 郑杭生. 社会学概论新修 [M]. 北京：中国人民大学出版社，2003：414.

② ADAM B, ROBERT F. A new philosophy for the 21st century [J]. The Chronicle of Higher Education, 2011, 58 (17)：10-12.

理困境。这种学科化发展的"向心力"使得技术伦理研究越来越趋向理论构建的精确性和严谨性，从而丧失了知识运用的社会相关性与实践有效性。除此之外，基于经典技术哲学的技术伦理研究更是由于其无视技术在社会发展中的积极作用，先验地对技术持单边否定态度和悲观态度，从而只能作为一种边缘性力量存在，无法获得实质性的话语权。在这种情况下，面对现实问题的日益复杂化、新自由主义下的市场导向以及社会对知识分子公共责任的吁求，技术伦理研究作为一门学科必然遭遇存在主义危机：除非技术伦理研究能回应现实问题、满足社会需求，否则就会被社会淘汰。

面对技术伦理学科的存在危机，当代技术伦理冲出象牙塔的尝试集中体现在其所采取的不同以往的知识生产及应用方式上。

首先，技术伦理研究的"应用"模式从单纯的"自上而下模式（top-down model）"逐渐向"融贯论模式（coherentism model）"转变。在自上而下的研究模式中，理论是高于实践且重于实践的。学者们会从伦理概念的界定出发，预先建立起一套理论分析框架，并将这套分析框架运用到所有现实案例的分析当中。这种理论先于实践的方法最大的不足就在于脱离了知识的应用情境，从而使伦理思考无法适应技术发展中不断涌现的新问题，"面临概念难以厘清和可能出现逻辑矛盾的困难"①。基于对此种模式的反思，学者们进一步提出了融贯论模式——"一方面认为原则在应用于具体案例时必须具体化，另一方面认为在进行案例分析时需要根据一般原则去说明、理解案例"②。这意味着技术伦理需要经历一个从"自下而上"再到"自上而下"的研究路径：先以现实问题为研究对象，通过呈现案例、消化问题提炼出一般性的伦理理论与原则，进而当面对类似情境时，再将抽象的伦理理论与原则运用到具体案例的分析与解读当中，帮助澄清其背后隐含的伦理困境。

其次，技术伦理学家开始"走出学术壁龛，成为一个真正的社

---

① 管开明，李锐锋. 论现代技术伦理评价的原则 [J]. 武汉科技大学学报（社会科学版），2011（5）：519.

② 卢风. 应用伦理学概论 [M]. 北京：中国人民大学出版社，2015：35.

会行动者"①。根据拉图尔的行动者网络理论，"行动者"主要指"通过制造差别而改变了事物状态的东西"②，这一概念内在地蕴含着能够对世界产生实质性影响的实践旨趣；行动者的一系列差异制造活动构成了"网络"，其中产生了新的事实与意义，而行动者本身也在这种相互关联的网络中确认了自己的存在。由此看来，当技术伦理学家将自己封闭于学术的象牙塔中时，实际上意味着他们在实践领域切断了与其他行动者发生关联的渠道，当然也就无法对现实的技术伦理问题产生任何实质性影响。而当下，作为追求实践效应的社会行动者，技术伦理学家必须投身于与其他行动者的互动联系中，与工程师、政策制定者等行动者群体展开合作，将伦理研究扩展到与工程相关（engineering-relevant）、与政策相关（policy-relevant）的领域当中去。当前陆续兴起的"技术伴随伦理"、"田野哲学（field philosophy）"③、"建构性技术哲学（constructive philosophy of technology）"④等，都是对"走出学术壁龛"的响应，而且各自提出了哲学家或伦理学家如何与其他行动者进行合作，扮演好社会行动者角色的方法与路径。

最后，技术伦理学家开始承担起"公共知识分子（public intellectual）"的责任，参与并为展开有效的公共辩论作出贡献。在现代民主社会中，关于技术决策的最终审批权并不在伦理学家、工程师甚至政策制定者手中，而在于公众社会。例如，公众关于核能的讨论会直接影响政府关于是否以及如何发展这项技术的决策，其反对态度甚至直接导致了地方性核能项目的取消。通过围绕某项技术决策的公共辩论，各方参与者可以公开陈述其不同的价值观和利益诉求，各种理由和论据得以直接进行交流和碰撞，并在严格的检验

---

① 菲利普·布瑞. 技术哲学：从反思走向建构 [J]. 王楠，朱雅婷，译. 工程研究（跨学科视野中的工程），2014（2）：133.

② 吴莹，卢雨霞，陈家建，等. 跟随行动者重组社会：读拉图尔的《重组社会：行动者网络理论》[J]. 社会学研究，2008（2）：222.

③ ROBERT F. Experiments in field philosophy [N/OL]. [2010-11-23]. http://opinionator.blogs.nytimes.com/2010/11/23/experiments-in-field-philosophy/.

④ 菲利普·布瑞. 技术哲学：从反思走向建构 [J]. 王楠，朱雅婷，译. 工程研究（跨学科视野中的工程），2014（2）：133.

与澄清中被判明孰优孰劣，"最后留存下来的区别和差异不再以空洞的争议或错误的判断为基础，而是建立在对决策后果的评价可明确定义的差异基础上"①。对于公众辩论，技术伦理学家所能起到的作用在于澄清其中错综复杂的伦理关系和争议背后的伦理价值诉求，给出"有条件的规范标准建议"，或者在规范标准不明确的情况下，为相关的争论及对话提供信息支持与澄清工作。技术伦理学家对公共生活的参与构成了哲学实践旨趣的复归：早在古希腊时期，苏格拉底、柏拉图等哲学先贤积极地在与公众的交往和论辩中促进自身及公众对哲学问题的理解，也恰恰是在与他人的交往以及对现实公共生活的参与中，哲学才得以阐明"何为善的生活"，进而展现出对社会的真正的有用性。

三、 技术伦理实现外在路径的式微

传统的技术伦理实现活动呈现出典型的外在性特征，它主要是建立在传统伦理资源之上的，与技术伦理学的外在研究进路具有本质上的一致性。当作为目的的伦理关系、伦理原则及伦理潜能等外在于技术时，意味着技术实践或技术物只能在伦理实现活动中扮演对象性的角色，成为被约束、被控制、被防范的对象，技术伦理实现则表现为人在技术背景下的伦理潜能的彰显，以及对技术发展可能造成的消极伦理影响的制约与规避。具体来讲，外在路径的特征可以概括为以下三点。

第一，技术之于伦理实现的外在性。技术物及技术实践之于伦理实现活动的外在性构成了技术伦理实现外在路径的核心特征。外在路径从工具主义的视角出发，认为技术物不存在内在的道德潜能而只有外在的道德相关性，技术实践的实质在于"求真"而非"为善"，由此将两者排除在伦理实现的范畴之外，只作为伦理实现的外部条件存在。例如，在社会宏观层面，马克思认为伦理作为人类完

---

① SCHIMANK U. Spezifische interessenkonsense trotz generellem orientierungsdissens ［M］//HANS-JOACHIM G. Kommunikation und konsens in modernen gesellschaften. Frankfurt/Main: Suhrkamp, 1992: 236－275. 转引自 奥特温·雷恩. 公民参与 ［M］//阿明·格伦瓦尔德. 技术伦理学手册. 吴宁，译. 北京：社会科学文献出版社，2017：702.

善和发展自身的重要标志，属于上层建筑的范畴，并建立在一定的经济基础之上。只有通过技术进步促进生产力的繁荣与生产关系的变革，才能为人的自由而全面的发展及其伦理潜能的实现提供可能性。中国传统政治思想中的"仓廪实而知礼节，衣食足而知荣辱"也表达了类似的观点。此外，根据马斯洛的需求层次理论，伦理潜能的实现属于人的高阶需求，而只有在基本需求得以满足的情况下，人们才有可能去追求更高层次的自我实现与潜能发挥。在以上观点中，技术发展构成了人类伦理潜能实现的基础条件和外部因素，其道德相关性主要体现在技术应用对社会发展的影响上，通过作用于社会环境而间接影响人类伦理潜能的实现过程。因此，在外在路径当中，关系性维度的伦理实现表现为人对技术的单向控制，道德性维度的伦理实现以人的伦理潜能的彰显为核心，而对技术的关注则只限定在技术应用的社会伦理效应上，从而跳过了对技术发展过程的内部机制的探索。

第二，人作为伦理主体的唯一性。在外在路径中，人类作为唯一的伦理主体，不仅被认为应当承担起与技术相关的全部伦理责任，而且也相信通过自身伦理潜能的发挥就能够有效地避免技术的消极后果。因此，外在路径将伦理实现完全寄托于人的能动性上，希望通过伦理教育、人际关系调整及宏观制度安排来确保个体及群体能够有效承担起相应的技术伦理责任，达到技术伦理实现的目的。也正是从这一角度出发，技术伦理通常被理解为技术工作者在"围绕技术所产生的伦理关系中所应该具有的道德品质、应该遵守的道德规则和应该尽到的道德职责"①，如工程技术人员的一般道德行为规范、工程伦理准则等。此外，还有一些学者意识到了个体在面对现代技术风险时的局限性，认为技术伦理需要机制化："技术伦理若想在现代技术活动中取得良好效果，就必须得到制度的支持。如果没有制度的支持，我们在实践当中就没有办法具体运用应用伦理的相关原则"②。但无论是面向工程师个体的伦理守则，还是对工程技术

① 教育部社会科学研究与思想政治工作司. 自然辩证法概论［M］. 北京：高等教育出版社，2004：224.

② C. 胡比希. 技术伦理需要机制化［J］. 王国豫，译. 世界哲学，2005（4）：80.

活动进行的制度安排，外在路径都将技术伦理实现限定在了人类活动的领域，而忽视了技术物或技术实践可能蕴含的伦理价值。

第三，实现机制的单向强制性。无论是将技术排除在伦理实现的范畴之外，还是将人类认定为伦理实现的唯一主体，其中都隐含着一种传统的伦理关怀：对人主体地位的不可侵犯的神圣性的强调。自文艺复兴以后，西方近代哲学就表现为对人的主体性的确立，而伦理学就是对人的主体性的维护与彰显。从这一视角出发，技术之所以被认为导致了伦理问题，是因为它对人的主体性造成了威胁：由于技术理性的扩张，人类丧失了思维的批判性，成为了单向度的人；在现代技术的"座架"中，人类丧失了自由本性，成为被技术所"限定"的"持存物"。由此，技术伦理实现表现为人之于技术的主体地位的确证与彰显。围绕这一目标，外在路径直接将维护人的主体地位所需的道德特性转化为规范技术发展的准则，并以此为标准对技术后果的"道德可接受性"进行非此即彼的评估。这种道德评估的实质就是对技术是否越界的判断。作为人的神圣主体性的外化，道德准则不仅是对人类个体行为的规范性要求，更是外在于且先在于技术物与技术实践而存在的；它不因人与技术间的实践活动而发生改变，更是将人的主体地位的不可动摇性转化为道德准则的强规范性。因此，在实现机制上，外在路径希望通过发挥伦理的强规范作用，捍卫主客体之间的界线，并将技术牢牢限制在被动的工具性范畴之内。

外在路径对技术及其消极后果的伦理反思固然在最初引起了公众及相关群体对技术问题的重视，但在新的社会及技术条件下却面临着缺乏理论说服力与实践有效性的双重困境。在理论层面，由于忽略了对技术发展内部机制的探索以及对技术与社会、技术与道德相互交织关系的认识，技术伦理实现的外在路径仅从伦理学的理论、框架和原则出发探讨新兴技术问题，不仅在描述性维度上很难界定新兴技术领域不断涌现出的新情况、新问题，而且在规范性维度上也无法协调不同伦理原则之间的冲突，从而难以形成一种共识性的伦理框架。在实践层面，技术伦理实现的外在路径往往是在技术问题出现之后才试图采取"亡羊补牢"式的应对措施，这种滞后性的伦理关注导致了技术伦理治理中的"科林格里奇困境"；此外，由于外在路径的技术伦理主要依靠工程技术人员的道德素养来实现对技术实践的规范与约束，但对技术负面效应的强调却往往会造成技术与伦理的紧张关系，使工程技术人员产生对伦理介入的反感和抵触情绪，从而降低了外在路径的实践有效性。从根本上讲，这种外在路径的困境是由传统技术伦理的二元论框架与现代技术发展的变革性影响之间的矛盾造成的。随着后现象学技术哲学以及技术的社会建构论的研究推进，技术与个体、与社会之间的相互构建关系已经被揭示出来；现代技术，如脑机接口、基因编辑等技术的发展，不仅使技术在实质上与人类的关系更加密切，而且往往呈现出更大的不确定性和更强的颠覆性。这种新型的人与技术、技术与社会之间的关系不仅对传统技术伦理学的二元框架发起了挑战，更对外在路径所设定的伦理目标、所依赖的伦理主体与实现机制产生了全面冲击。

第三节　技术伦理实现内在路径的理论萌芽

一、技术伦理规约的基本内涵

技术伦理规约是基于"道术协同"的技术-伦理观所提出的技术伦理实现路径，它不同于外在路径中伦理之于技术的强规范性，而是强调伦理对技术发展的软约束。从"规约"一词的概念上看，它既指经过相互协商规定下来的共同遵守的条款，又表示限制和约束的活动。将这两层含义结合起来，"规约"可以被定义为"通过协商形成某种共同遵守的规定，对行动者的行动过程进行一定的限制和约束"①，而"伦理规约"则表示行动者所达成的共识主要指向了"道德共识"。鉴于此，技术伦理规约的定义即"在技术活动过程中，各相关技术行动者通过相互协商达成'道德共识'，并形成一系列伦理原则与规定，对技术过程进行一定引导和约束的过程"②。

① 王健. 论技术伦理规约［D］. 沈阳：东北大学，2003：39.
② 王健. 论技术伦理规约［D］. 沈阳：东北大学，2003：39.

因此，技术伦理规约的实现路径大致可以分为两个主要步骤：一是道德共识的达成，二是将道德共识转化为对技术活动的规范与约束。

道德共识的达成主要依赖技术行动者之间的协商与博弈机制。现代技术的建制化、规模化发展，使得其中所涉及的技术行动者日益增多，不同行动者所持的价值取向和利益诉求的差异也必然使得技术的价值负载呈现出多元化趋势。对此，技术伦理规约路径强调要在保持多元价值框架的前提下，通过同质行动者之间的商谈和异质行动者之间的博弈来达成道德共识。在商谈伦理学的框架下，伦理原则的有效性取决于每个具有"译解能力"的个体的同意，而这种同意必须建立在排除强制与欺骗的基础上，因此只有通过广泛的商谈才能达成个体的同意与群体的共识。在技术伦理规约的路径中，商谈主要集中于同质行动者群体之间。由于同质行动者共享同样的价值追求、相似的知识背景，因此他们更容易在商谈中迅速找到并遵循共同的范式，从而更快地达成局部的道德共识。例如，工程师群体以提高技术物的有效性为价值追求，并且具有相同的工程教育背景。在这种前提下，当工程师群体就涉及本领域的伦理问题展开商谈时，其协商程序更容易符合理想的商谈条件，即群体内部的广泛参与、参与成员的平等性以及语言过程的真实性，从而有助于他们更快达成共识，并将取得的共识通过职业伦理章程的形式确定下来。

在技术伦理规约路径中，异质行动者主要指知识背景、价值取向不同的行动者群体，他们的共识达成过程中更多地依靠博弈机制来进行。一般而言，现代技术活动中的异质行动者大致可以分为三类群体：第一类是技术行动者（technology actor），即与技术开发活动直接相关的行动者，如工程师、技术开发企业等；第二类是社会行动者（social actor），即技术应用推广所涉及的利益相关者，如技术使用者、社会组织等；第三类是元层面的行动者（actors at meta level），如政策制定者、技术评估机构等。这三类行动者群体有着不同的知识背景和价值诉求，其中尤以前两类群体之间的利益冲突更为显著："技术行动者倾向于以技术的功能性及先进性为价值取向，而社会行动者则更加重视技术对社会文化、伦理道德、生活生产方式等方面的影响"①。在这两类异质行动者群体的博弈中，双方所掌握的信息、参与博弈的顺序、对技术开发所能发挥的影响力均不对等，从而可能导致达成的共识总是向强势者权益倾斜。对此，与一般博弈过程中完全的利益交换与妥协不同，关于"道德共识"的博弈可以有第三类行动者群体参与其中，即元层面的行动者可以适当地发挥协调机制来保证最终所达成的道德共识的公正性。

技术伦理规约路径的第二个步骤强调伦理对技术发展的过程规约，即将前一阶段达成的道德共识进一步细化为伦理原则，以发挥对技术活动的指导和约束作用。在这里，技术发展的全过程都将向伦理敞开，并在不同的发展阶段具有不同的伦理规约手段：第一，技术设计阶段的伦理评估，主要由专业技术伦理委员会对技术的设计进行伦理评估。其规约作用主要依靠科学家和技术专家个人的伦理信念，约束的形式以自律为主，体现了伦理对技术发展的前置规约。第二，技术试验阶段的伦理鉴定，即通过技术试验进一步检验技术可能带来的负面影响，并给出初步的伦理鉴定。其伦理规约主要通过一些道德规范来约束技术活动主体的行为，作用方式是自律与他律的结合。第三，技术应用阶段的伦理立法，即对已经获得应用的技术成果，一旦发现其应用会给人类安全、生态环境等带来危害，就必须通过立法的形式加以禁止。其规约作用主要通过法律和制度的手段来实现，作用方式以他律为主。第四，技术推广阶段的伦理调整，即根据技术发展的新动向主动进行伦理观念的转变，建立起与新技术相适应的伦理规范，以减少技术进步的伦理摩擦，最终实现技术与伦理的协同发展。②

二、 技术伦理规约的内在主义因素

作为技术伦理实现内在路径的理论萌芽，技术伦理规约的内在主义因素最主要地体现在其对技术与伦理关系的认定上。在技术伦理规约路径中，技术与伦理是互相开放、互相建构、协同发展的。

① 陈凡，贾璐萌. 技术控制困境的伦理分析：解决科林格里奇困境的伦理进路 [J]. 大连理工大学学报（社会科学版），2016（1）：80.

② 王健. 技术伦理规约的过程性 [J]. 东北大学学报（社会科学版），2003（4）：236-237.

这种"道术协同"的关系既不同于"技术-伦理无涉论"中作为工具的技术向伦理道德的全面臣服，也不同于"技术-伦理互斥论"中异化的技术与伦理道德的全面对抗，而属于一种"技术-伦理互嵌论"。这种"互嵌性"在整体的社会发展进程中体现为伦理对技术的调整与适应，而在具体的技术实践上则表现为伦理对技术的规范与约束。

技术伦理规约路径从社会建构论的视角出发，认为技术是自然属性与社会属性的结合，并在其社会化的过程中被赋予了特定的价值与善恶，进而发掘了技术过程向伦理因素敞开的可能性。技术的社会建构论认为，技术的发展是由各类行动者的行动推动的，是根植于特定的社会情境和伦理结构中的，因而技术发展的方向与演替也是由行动者的利益诉求、文化倾向、价值选择等各种社会因素参与决定的，它可能是相关行动者群体之间利益博弈与制衡的结果，也可能沦为强势群体追逐自身利益、实现价值扩张的手段。对此，为了遏制和缓解技术的负效应，社会伦理因素应该也必须参与其中，发挥其对技术发展的引导或规约作用，以均衡眼前利益与长远利益、局部利益与整体利益，调和经济利益与生态文化和谐之间的矛盾关系。这种伦理对技术活动的参与在技术伦理实现的外在路径中是不可能完成的，因为在外在路径中，技术与伦理被认为是外在于彼此的封闭系统，对技术的伦理规范只能在技术系统的外部生成并展开，从而呈现出一种无法把握技术发展动态、只能从技术应用的社会后果入手的滞后性。

除了技术过程向伦理因素的敞开，技术伦理规约路径还体现出了社会伦理结构向技术因素的敞开。在技术伦理规约中，社会伦理结构并非一成不变的，而是会随着技术上的变革而发生相应的调整。一项新技术在初次面向社会时，往往会引发一些伦理争议，其根源在于现有的伦理观念与新技术所包含的价值取向和伦理意蕴的冲突。这种冲突越激烈，所产生的伦理变革也就越深刻。因此，针对新技术所引发的新旧伦理冲突，技术伦理规约认为，人们可以在进行充分论证的基础上，通过协商沟通达成新的道德共识，主动进行伦理观念的调整与转变，以适应新技术的发展。例如，在器官移植技术刚刚出现时，受"身体发肤，受之父母，不敢毁伤"的传统伦理观念的影响，许多人无法接受器官捐赠，以至于我国器官捐赠率过低，在器官移植领域严重滞后于其他国家。然而，经过医学伦理委员会等专门机构的伦理论证，加之政策支持、媒体宣传等手段的辅助，人们的观念渐渐发生了转变，重新建构起了与器官移植技术相适应的生命伦理观念，从而有助于实现技术与伦理的协同发展。

鉴于技术过程与伦理框架的双向开放性，技术伦理规约路径在实现机制上更侧重于伦理对技术的弱嵌入性和弱规范性。"嵌入性"概念源自格兰诺维特的《经济行动与社会结构》一文，他根据经济行为嵌入社会结构的水平和程度的不同，提出了零嵌入、强嵌入和弱嵌入的概念。① 技术伦理规约路径中实现机制的弱嵌入性，一方面表明社会伦理结构可以通过对技术行动者的制约来实现对技术发展的间接引导和规范，另一方面保留了技术行动者在技术过程中的自主性，他们不完全受既定伦理观念的制约，反而会通过技术发展对现有伦理框架产生冲击和改造。总而言之，技术伦理规约不同于外在路径中伦理对技术的零嵌入性和强规范性，而是一种基于"技术自主性与伦理制约性的统一"的弱嵌入性，以及建立在协商共识基础上的弱规范性。

三、 技术伦理规约的局限性

技术伦理规约的主要特征之一是其伦理规约效果的或然性，即"伦理规约只能使技术负面效应出现的概率降低，但却不能达到消除技术负面影响的目的"②，这在一定程度上是由这一路径局限性所导致的。尽管从系统论的角度来讲，技术-伦理系统的开放性使得其永远处于动态的变化之中：指向未来不确定性的技术风险永远存在，用以进行善恶判断的伦理标准也并非一成不变，因而技术的负面影响确实无法从根本上消除；但就人类社会当下及相当一段时间的现实利益而言，尽可能地降低这种伦理规约的或然性，却是技术伦理

---

① MARK G. Economic action and social structure: the problem of embeddedness [J]. Social Science Electronic Publishing, 1985, 91 (3): 481-510.

② 王健. 论技术伦理规约 [D]. 沈阳：东北大学，2003：77.

实践应当始终追求的目标。然而，基于技术伦理规约在理论与实践上的局限，其所能发挥的对技术负面效应的防范和减弱作用却呈现出了较高的不确定性和有限性。

首先，技术伦理规约路径的理论局限性在于对技术-伦理系统互动机制的探讨不足，使其无法充分把握并应对伦理原则应用的非线性特征，进而导致伦理规约的效果出现或然性的概率大大增加。"非线性"是系统论中的重要概念，是指在"一个系统的一套确定的物理变量中，一个变量最初的变化所造成的此变量或其他变量的相应变化是不成比例的"①。在技术-伦理系统中，伦理原则应用的非线性特征表现为，当改变其中某一项伦理因素——嵌入特定的伦理原则时，其所指向的技术活动并不一定会按人们所预想的那样发生相应的变化，甚至会导致有悖于伦理规约初衷的负面后果。一个比较典型的例子就是资源利用领域的"反弹效应（rebound effect）"。随着环境保护运动的开展，"可持续发展"逐渐成为了技术活动中的重要伦理标准。面对工业化进程中能源消耗过大、资源短缺的问题，技术工作者也开始在可持续发展理念的规约下有意识地开发节能技术、提高能源利用率。然而，19世纪经济学家杰文斯在研究煤炭使用效率时发现："更高效的蒸汽机减少了煤炭消耗的同时也降低了煤炭价格，最终反而增加了对煤炭的需求"②，这一现象也被称为"杰文斯悖论"。随后，越来越多的学者通过研究证实了这一悖论的存在：在技术的资源利用率普遍提高的情况下，资源的消耗不降反升，节约效果并没有达到预期，也完全违背了可持续发展的初衷。究其原因，技术开发者及政策制定者忽视了能源价格、消费者心理等因素在其中的影响作用，从而导致了这一技术伦理实践的结果适得其反。

从物理机制上来说，系统要素之间的相互作用是非线性现象产生的主要原因。在技术伦理规约路径当中，对技术-伦理互动机制的探讨只停留在宏观层面——从建构论的角度关注技术社会化过程中

---

① 张本祥，孙博文，马克明. 非线性的概念、性质及其哲学意义 [J]. 自然辩证法研究，1996 (2)：11.

② 宋健峰，王玉宝，吴普特. 灌溉用水反弹效应研究综述 [J]. 水科学进展，2017 (3)：452.

的技术-伦理互动现象，并未进一步深入到技术的设计过程当中，也没有深入到技术使用的微观情境当中，而这两者恰恰是技术功能实现及价值负载呈现的关键环节。因此，当伦理因素涉入时，其在微观层面对技术活动产生的规约作用只能被当作随机产生的微小"涨落"，至于这种"涨落"究竟表现为何种偏离正常状态的系统活动，如何造成技术系统从一种状态向另一种状态的跃升，却依然处于黑箱之中。

其次，技术伦理规约的实践局限性在于具体操作过程中的"目标偏差"，即弱化技术对伦理的正向推动作用，而将关注点集中在防止和减弱技术的负面效应上。在这一点上，技术伦理规约表现出了类似于技术伦理实现外在路径的局限性。在规约路径所认定的"道技协同"的技术-伦理关系中，技术与伦理是互相影响、协同发展的，这意味着技术与伦理之间存在着双向规约：现有伦理框架对技术的规范，以及技术对现有伦理规范的改造。然而，纵观技术伦理规约实施的全过程，伦理对技术的防范被前置性地嵌入了技术发展的设计、试验及应用阶段，分别以伦理评估、伦理鉴定、伦理立法等方式对技术活动进行制约，并随时准备对技术的发展进程喊停；与之相比，技术对伦理的正向推动作用则被后置性地安排在了技术发展过程的最后步骤，作为技术推广的后果加以考虑，即只有当新技术所代表的伦理价值与现行伦理框架所产生的冲突在技术推广阶段暴露出来后，才开始被动地考虑是否需要进行伦理调整，这极大地限制了技术对社会伦理发展的积极作用，也使得技术伦理规约路径中的伦理介入和伦理观念进步呈现出滞后性和被动性。

除此之外，这种伦理规约的"目标偏差"还会直接影响到技术工作者参与技术伦理规约的积极性，从而使得技术伦理规约的效果大打折扣。尽管在技术伦理规约路径中，道德共识是基于诸多社会行动者，如技术工作者、政策制定者、技术开发企业、公众、社会组织等的协商而达成的，但作为技术活动的最重要、最直接的推动者，技术工作者的道德能动性被认为是技术伦理规约之所以可能的关键所在。在技术尚未完全嵌入社会之中、影响范围较小时，这种防范意识主要依赖于技术行动者的道德情感与道德自觉，而当技术化所带来的大规模效应日益凸显时，技术行动者更被认为从技术开发之初就必须承担起对技术创新社会后果的伦理责任。然而，在技术开发阶段，一味地强调技术工作者的工作可能造成的负面效应，迫使其通过自律的方式主动"放弃和减缓有巨大风险的技术研究和开发项目"①，显然对于技术工作者自我价值的实现而言过于消极。相比之下，突出技术对伦理的正向规约作用，并将其前置到技术开发阶段，肯定技术工作者的自我实现与伦理规约活动的一致性，会更加激发其参与技术伦理实践的积极性。

第四节　技术伦理实现内在路径的时代契机

一、　工程传统与人文传统的融合

技术哲学研究中工程传统与人文传统的矛盾运动构成了技术哲学不断发展的历史进程。在经历了两种研究传统分别高举科学精神与人文精神的大旗各自为政之后，当今学界普遍认为，"技术哲学的工程学传统与人文主义传统正在走向融合"②。这种融合趋势的出现得益于技术哲学"经验转向"的探索以及后现象学技术哲学的发展，从而为技术哲学研究提供了新视角、新领域、新方法，成为了日益割裂的技术哲学重新焕发生机的关键所在。

"经验转向"发生于 20 世纪八九十年代，由荷兰学派的学者们提出并在学界引起巨大反响。1997 年，特文特大学的汉斯·阿赫特胡斯（Hans Achterhuis）出版《美国技术哲学：经验转向》③ 一书，总结和批判了传统的技术哲学研究范式：传统的技术批判倾向于关注抽象的、一般的技术，并总是以浪漫主义的或怀乡病的情怀拒斥技术，过于消极地看待技术的后果；而经验转向后的技术哲学，关注具体的、特殊的技术，并更愿以乐观主义的态度和进化论的观点看待技术，注重对技术的社会建构。1998 年 4 月，在荷兰代尔夫特

① 王健. 论技术伦理规约 [D]. 沈阳：东北大学，2003：73.
② 刘大椿. 关于技术哲学的两个传统 [J]. 教学与研究，2007（1）：36.
③ 该书为汉斯·阿赫特胡斯于 1997 年出版的合著——《从蒸汽机到受控机体：在新世界中思考技术》，后被美国技术哲学家伊德组织翻译，并将其改名为《美国技术哲学：经验转向》。

理工大学举办的研讨会上，克罗斯（Peter Kroes）和梅耶斯（Anthonie Meijers）提出了"技术哲学研究中的经验转向"研究纲领，主张对技术采取全面的、建构的和实用主义的态度，强调将研究置于广泛的经验基础之上，关注现实的、具体的技术实践和技术人工物。这一纲领随即在学术界产生了巨大影响，并成为当代技术哲学研究的新范式，学者们"聚焦于具体的技术和问题，试图发展情境化的、少决定论的技术理论"①。例如，芬伯格（Andrew Feenberg）将技术批判理论与社会建构论结合起来，揭示了社会各因素在技术发展中的影响或形塑作用，并试图将技术纳入民主的范围之内，展现一种可选择的技术的可能性。这一经验转向与经典技术哲学存在共同之处，即都关注现代技术对社会和人类境况的影响，因而被描述为"面向社会的路径"。

随后，经验转向继续推进，在20世纪90年代至21世纪初又发生了"面向工程的经验转向"。这一阶段对传统技术哲学的批判更为激进，认为其主要问题在于关注技术的社会后果，从而遗忘了技术本身。因此，面向工程的经验转向的主要目标在于"理解和评估工程实践和工程产品，而非任何发生在社会之外的事情"②，研究主题包括工程设计过程的结构、技术物的本质和功能、工程知识的本质、工程科学和自然科学之间的关系、工程科学的方法论结构等。这一阶段的代表人物有皮特（Joseph Pitt）、克罗斯和梅耶斯等，他们都主张关注技术本身及其内部运作机制，从描述的精确性和概念的清晰性入手构建一种"富有经验的、描述充分的技术和工程哲学理论"③。

综上所述，"经验转向"一方面吸收借鉴了STS（科学技术与社会）领域基于技术与社会关系的研究路径，从技术与社会共同演化的视角出发为面向技术物及技术活动的研究提供了丰富多样的社会

① 菲利普·布瑞. 经验转向之后的技术哲学 [J]. 闫宏秀，译. 洛阳师范学院学报，2013（4）：12.

② 菲利普·布瑞. 经验转向之后的技术哲学 [J]. 闫宏秀，译. 洛阳师范学院学报，2013（4）：12.

③ 菲利普·布瑞. 经验转向之后的技术哲学 [J]. 闫宏秀，译. 洛阳师范学院学报，2013（4）：12.

语境；另一方面深入技术实践——主要指设计过程当中，运用工程语言对技术物及技术活动内部的运作方式进行描述性的分析，使对技术的哲学分析具有了更强的现实指向和经验依据，最终形成了"一条与人文的技术哲学相对立，但又不全采纳工程的技术哲学理论的技术探究之路"①。

技术哲学的后现象学研究方法主要由伊德提出，被维贝克继承并进一步发展，他们对于具体技术物的现象学描述，为分析人与技术间的复杂关系提供了新的方法论支撑。伊德所提出的后现象学是"一种修正的、混合的现象学"②：它以实用主义的经验分析模式对古典现象学加以修正，是实用主义与现象学的结合，并在技术哲学的框架下以具体的（经验的）方法来研究多样化的技术。在伊德的后现象学分析框架下，技术物通过意向性的发挥构成了人类认识并活动于世界的中介与桥梁，从而摆脱了被动的工具性存在的地位。维贝克继承并深化了伊德的后现象学分析方法，以技术物的"调解意向性"超越了"中介意向性"。在维贝克看来，人与世界的相互关系构成了主体与客体得以构建的场所，因此，技术物并非处于先在主体与客体之间的中介者，而是通过调解意向性的发挥成为了主体与客体"是其所是"的参与者。总之，后现象学技术哲学以"技术意向性"为核心对技术与相关因素的关联性的关注，挖掘出了技术在使用情境中"既向自身敞开，同时也向人与社会敞开"③ 的本质，构成了技术哲学工程传统与人文传统融合的平台。

伴随着工程传统与人文传统的融合，技术哲学开启了一种"面向技术本身"的"内在主义"的研究进路：技术哲学不再只是借助外在的哲学话语对技术的社会后果加以分析和批判，而是打开了技术黑箱，开始运用工程语言描述技术本身以及技术实践的内部机制，并将其与技术在使用情境中的社会意义加以关联，形成了工程设计哲学这一技术哲学研究的新领域。根据技术物的"结构－功能"二

---

① 易显飞. 论两种技术哲学融合的可能进路 [J]. 东北大学学报（社会科学版），2011（1）：20.

② 唐·伊德. 让"事物"说话：后现象学与技术科学 [M]. 韩连庆，译. 北京：北京大学出版社，2008：30.

③ 陈凡，傅畅梅. 现象学技术哲学：从本体走向经验 [J]. 哲学研究，2008（11）：103.

重性，技术的设计情境与使用情境共同构成了技术物的存在场域——技术的物理结构由设计活动完成，而技术功能则在使用情境中实现，两者共同存在于更大的"技术－社会"系统当中。从这一视角出发，工程设计可以被理解为："将人类需求转换为技术功能，继而转换为（技术人工物的）物理结构"①，而设计情境与使用情境之间的连贯性成为一项技术设计成功与否的关键所在。对此，从人文传统的视角出发对"使用情境中关于技术与社会关系的研究，如关于技术人工物的功能需求研究"②，可以用于设计情境的分析与实践中；而从工程传统的视角出发对技术物"结构－功能"二重性之间关系与转换的研究，则可以用于使用情境的分析与实践中。总之，在这条内在主义的技术哲学研究进路当中，技术物本身的价值和内涵开始进入研究者的视野，工程师与哲学家通过跨学科合作，为澄清和把握技术物的内在机理与社会意涵提供了丰富的理论支撑。

二、 经验转向与伦理转向的交汇

"经验转向"和后现象学技术哲学的研究方法，尽管促成了技术哲学工程传统与人文传统的融合，开启了技术哲学的"内在主义"研究进路，但也存在着一定的问题。不论是"经验转向"还是后现象学技术哲学，都侧重于对技术及其与社会的关系进行描述性研究，将"打开技术黑箱"的经验研究作为最终研究目标，以至于其所开启的内在的技术哲学丢失了哲学的价值关怀与批判维度。对此，在技术的社会问题频发、规范性研究缺失的情况下，20世纪末21世纪初，技术哲学领域出现了一股新的"伦理转向"潮流，这也被看作对内在主义技术哲学"过于强调描述性研究的一种矫正"③。

这股"伦理转向"从其研究内容来看主要分为两个方面：一是从应用伦理学视角出发对技术所带来的伦理问题的关注，例如人工智能技术与机器人伦理、网络信息技术与网络伦理、现代医疗技术

---

① 皮特·克洛斯. 技术哲学：从外在进路到内在进路［M］//潘恩荣. 工程设计哲学：技术人工物的结构与功能之间的关系. 北京：中国社会科学出版社，2011.

② 潘恩荣. 技术哲学的两种经验转向及其问题［J］. 哲学研究，2012（1）：104.

③ 陈凡，贾璐萌. 技术伦理学新思潮探析：维贝克"道德物化"思想述评［J］. 科学技术哲学研究，2015（6）：58.

与生命伦理等；二是从职业伦理学角度出发对技术工作者——以工程师为主体的职业规范的关注，即"聚焦于通过系统化地描述普遍伦理规则和职业准则，和通过为工程师在其工作中所遇到的道德问题和困境提供解决的方法和技巧，来帮助工程师建立职业责任感"①。然而，尽管"伦理转向"重拾了哲学的价值关怀与批判维度，但却由于没有充分吸收借鉴"经验转向"的成果而面临着理论困境：在技术哲学研究已经"面向技术本身"时，"伦理转向"中学者们的目光却只停留在技术所带来的消极伦理后果上。这就使得一方面，学者们只能从外在于技术系统的视角出发对技术进行伦理反思，但由于不了解技术内部的运行机制，他们所提出的伦理解决方案通常与现实社会的技术实践相去甚远，只能沦为一纸空谈；另一方面，由于技术本身并没有被纳入伦理反思的范畴，使得对技术的伦理分析忽视了技术与社会之间的复杂关系，尤其是忽视了技术与道德之间的互动机制，从而导致其所运用的伦理分析工具无法适应现代技术所呈现的复杂特性。

面对"伦理转向"中伦理批判视角、分析方法的滞后性，一些学者开始寻求将"经验转向"所取得的成果整合到"伦理转向"的价值关怀之中，以便进一步推动技术哲学研究的发展。在"技术哲学研究中的经验转向"研究纲领中，克罗斯和梅耶斯主张遵循 STS关于技术的研究，打开技术黑箱并描述其内部的一切，以描述性分析阐释现代技术及其内在发展机制。菲利普·布瑞认为，这种基于经验的理论建构"不仅作为目的自身是有价值的，而且作为从事对技术社会后果进行更为哲学的研究的一种手段也是有价值的"②。也就是说，"经验转向"对技术物及技术实践所进行的经验分析，不仅丰富了对技术内在运行机制的理论探讨，同时也为伦理学者对技术后果的分析提供了更为精确、专业的认识论前提，有助于其摆脱"由于不了解技术而憎恨技术"的惯性思维，真正在了解技术的基础

---

① 菲利普·布瑞. 经验转向之后的技术哲学 [J]. 闫宏秀，译. 洛阳师范学院学报，2013（4）：13.

② 菲利普·布瑞. 经验转向之后的技术哲学 [J]. 闫宏秀，译. 洛阳师范学院学报，2013（4）：12.

上提出适宜的伦理反思和建议。

"经验转向"与"伦理转向"的整合趋势显著地反映在荷兰特文特大学的技术哲学研究模式中：将描述性研究与规范性研究结合起来，从哲学层面思考技术及其伦理问题。具体而言，描述性研究侧重于打开"技术使用黑箱"，描述技术物及技术实践与个体、政治、文化等因素之间的互动机制，挖掘围绕技术物而形成的伦理道德意涵；规范性研究则强调将传统的伦理范畴拓展为事关"美好生活（good life）"的各项道德与道德以外的价值，并通过借鉴"经验转向"所打开的"技术设计黑箱"，将规范性研究变成技术研发阶段的一部分，以实现伦理维度对技术实践的有效嵌入。这种描述性维度与规范性维度相结合的研究模式也被称为"技术-伦理并行"研究，即"将技术自身的研究（技术研发、设计与使用）和伦理研究（评估、嵌入与规范）有机地结合起来"①。

当前学界对于"经验转向"与"伦理转向"整合的探讨，不仅在研究方法和研究视角上融合了两种转向的成果与优势，而且在研究内容上拓展了技术设计伦理的研究域，实现了工程设计哲学进一步发展的内在诉求。工程设计哲学的本质是打开技术黑箱，探究技术物是如何被设计、开发和制造的。那么，在本体论研究的基础之上，打开技术黑箱的价值旨归何在呢？学者们沿着这一思路将目光聚焦于技术设计伦理领域，认为追问技术黑箱的旨趣在于"让技术设计过程负载利益相关者的价值观"②。"经验转向"对于技术与社会相互关系的探索，使得对技术发展施以建构性的伦理影响成为了可能。在传统技术伦理学的视角下，技术是一个封闭的系统，它基于科学理性的逻辑发展，属于知识论范畴；而社会对技术的影响是外在于技术系统的，属于价值论范畴。"实然"与"应然"之间的休谟鸿沟使得对技术的伦理反思无法触及技术实践本身，对技术发展所能产生的影响也相当有限。然而，当打开了"技术黑箱"，认识到在技术发展的过程中，"诸多行动者和利益群体对抗、协商并在某

---

① 刘宝杰. 技术-伦理并行研究的合法性 [J]. 自然辩证法研究, 2013 (10)：34.

② 陈首珠，刘宝杰，夏保华. 论"技术-伦理实践"在场的合法性：对荷兰学派技术哲学研究的一种思考 [J]. 东北大学学报（社会科学版），2013 (1)：16.

些时刻、以某种方式或某种程度上围绕具体技术的意义与物质性（materiality）聚拢到一起"① 时，伦理因素作为技术发展的参与者便成为了可能。

三、 新兴科技伦理治理的发展

如果说经验转向与伦理转向的交汇为伦理因素介入技术发展过程做了理论上的准备，那么新兴科技伦理治理的发展则为伦理因素在实践层面真正嵌入技术过程提供了方法和制度层面的支撑。2022年3月，中共中央办公厅和国务院办公厅发布了《关于加强科技伦理治理的意见》，就加强我国科技伦理治理的工作作出了全面规划，这是"科技伦理治理" 概念首次出现在国家层面的政策文件中。目前，学界关于"何为科技伦理治理" 并没有形成一个统一的认识，但这并不妨碍通过理论层面的相关探讨以及实践层面的一系列举措勾勒出新兴科技伦理治理的基本轮廓。

"科技伦理治理主要发轫于新兴科技的风险和不确定性。"② 在后常规科学时代，科技研发活动不再是学院科学时期 "为科学而科学" 的封闭式活动，传统的 "科研投资—实验室研究—技术研发—产业化应用" 的线性创新模式已经被打破。新兴科技从研发到应用的全过程都呈现出复杂的交互性、动态性和开放性，且非技术性因素在其中的影响愈发凸显，这意味着新兴科技是价值负载且敏感的，也构成了新兴科技内在不确定性的重要原因。此外，由于新兴科技本身就处于生命周期早期阶段，尚未被广泛投入生产和应用，更尚未完全实现社会化，其应用的边界还处在探索阶段，科技在社会化过程中与其他因素的耦合效应也尚不明确。科技的不确定性与风险高度相关，而第四次工业革命的数字化、智能化、网络化、集成化趋势，则进一步放大了新兴科技的风险。胡雯在《新兴技术的治理困境与应对路径》 一文中，将以人工智能、大数据为代表的新兴技术的特点概括为更高程度的不确定性、更大范围的颠覆性和更不均衡的赋权特征。她认为，在第四次工业革命的背景下，新兴技术的

---

① 胡明艳. 纳米技术发展的伦理参与研究 [M]. 北京：中国社会科学出版社，2015：61.
② 王国豫. 科技伦理治理的三重境界 [J]. 科学学研究，2023，41（11）：1932.

不确定性和颠覆性会通过数字网络和集成体系得到指数级扩散，而技术赋权的多元性和参差性也会冲击现有的社会-技术系统和治理结构。①

新兴科技的高风险和不确定性意味着技术过程及其成果难免会溢出传统的科技治理框架，对科技治理提出新的要求。对此，近年来学界提出了多种治理思路和方案，如预期治理（anticipatory governance）、适应性治理（adaptive governance）、实验主义治理（experimentalist governance）、敏捷治理（agile governance）、试探性治理（tentative governance），并在现有科技治理通用工具的基础上引入和创制新型治理工具，形成了如"负责任研究与创新（responsible research & innovation，RRI）"等整合性治理框架，并在人工智能、生物技术、纳米技术等领域进行了诸多有益探索。

从治理主体上看，新兴科技伦理治理呈现出多元主体协同的特点。这些多元主体包括政府、科研和管理机构、企业、公众、社会组织，以及法律、公共管理、伦理等相关领域的研究及工作者。以人工智能领域的伦理治理为例，目前已参与治理行动的各类主体包括以欧盟委员会、联合国教科文组织等为代表的国际组织，以美国、德国、中国等为代表的各国政府，以电气与电子工程师协会（IEEE）、国际先进人工智能协会（AAAI）、中国人工智能学会（CAAI）等为代表的学术组织，以谷歌、IBM、腾讯等为代表的人工智能研发企业，等等。这些多元治理主体通过平等的合作、协商、对话等方式参与到技术研发、评估、规范制定等活动中，以跨学科的知识应用、异质性的利益诉求、多元的文化视角为新兴科技的发展提供尽可能全面的视域参考。2021 年 11 月，联合国教科文组织通过的首份关于人工智能伦理的全球协议《人工智能伦理问题建议书》，在撰写和形成过程中便经过了各种专家咨询会、各成员意见征集以及 193 个成员之间超过 100 小时的多边谈判和反复修订。② 2023 年 10 月，联合国秘书长古特雷斯宣布组建联合国高级别人工智能咨

---

① 胡雯. 新兴技术的治理困境与应对路径 [J]. 科技管理研究，2023，43（8）：47-54.
② 郑泉，白惠仁. 面向未来的责任：深入推进科技伦理治理的路径思考 [J]. 今日科苑，2023（3）：40-47.

询机构（High Level Advisory Body on AI），与各国政府、技术人员、专家学者共同探讨全球人工智能治理的关键问题和方案建议，这也将成为联合国框架下人工智能治理的基本模式和机构依托。

从治理模式上看，新兴科技伦理治理体现出伦理视域与治理思路的双向耦合。从伦理视域切入，一方面，新兴科技可能引发的伦理问题拓宽了科技治理的问题域，如由人工智能和大数据等技术造成的人的自主性、隐私安全、算法歧视问题等，而这些问题可以通过科技治理工具进行预测、评估和应对。2021年9月，国家新一代人工智能治理专业委员会发布了《新一代人工智能伦理规范》，在总则第一条便提出要关注偏见、歧视、隐私和信息泄露等问题，并且将伦理道德融入人工智能全生命周期①。另一方面，也有学者指出，科技治理实践本身同样要遵循伦理的价值导向和规范原则，实现善治，即"治理过程和目的必须是符合伦理的、负责任的、符合人类福祉的，可以为公众接受并可以得到道德辩护的"②。从治理思路切入，一方面，脱胎于公共政策的科技治理本身具有制度化、法制化的特点，将会为技术伦理实践提供强有力的法律保障和制度依托，转变传统技术伦理"虚弱无力"的局面；另一方面，科技治理强调治理过程的动态性和灵活性、开放性和包容性，将科技伦理问题置于治理思路之中，意味着要以更加灵活和开放的态度对待伦理问题及伦理规范，意识到伦理本身也会随着时代的发展和科技的进步而变化，自主性的界定、隐私的边界等，都需要在新的技术背景下予以澄清。

总之，新兴技术所呈现出的高度不确定性、高风险性、价值敏感性等特征，使科技伦理治理获得了前所未有的关注。目前，各个层面、面向不同领域的科技伦理委员会纷纷成立，各种不同侧重点的治理思路不断涌现，科技伦理从沉思走向实践的时代已经到来。

---

① 国家新一代人工智能治理专业委员会. 新一代人工智能伦理规范 [EB/OL]. （2021-09-26）[2024-03-01]. https://www.most.gov.cn/kjbgz/202109/t20210926_177063.html.

② 王国豫. 科技伦理治理的三重境界 [J]. 科学学研究, 2023, 41 (11): 1932.

第三章

技术伦理实现内在路径的逻辑生成

　　技术伦理实现的内在路径之所以能够成立，首先在于其坚实完整的理论基础：技术调解理论勾勒出了人与技术在微观、中观及宏观层面互相缠绕的整体图景，为分析伦理道德的技术调解机制提供了系统框架，同时也对传统技术伦理中的二元框架及人的绝对主体性产生了冲击；对此，自我建构伦理学在考察权力–主体关系的基础上，提出以"自我技术"重建技术调解框架下的人的伦理主体性，而技术时代的责任伦理则进一步为厘清技术伦理实现中不同行动者的道德特性与责任划分提供了思路。

　　伦理之于技术的"内在性"构成了技术伦理实现内在路径的核心特征，也是技术伦理实现内在路径生成的逻辑起点。这一内在性的目的指向具体表现为：在关系性维度上追求人与技术"共在"的本真性状态，人与技术在这种共在关系状态中既相互纠缠，又能够以各自的独特性来显现自身的存在；在道德性维度上强调"负责"，即伦理主体通过责任的承担来彰显自身的道德特性，在实现道德潜能的同时也构成了维护和实现人与技术之间的本真性"共在状态"的行动根基。

　　鉴于技术伦理实现所蕴含的实践指向，内在路径的逻辑生成还在于伦理主体的混合性构成上：从关系论进路出发，伦理主体界定的关键在于行动者在具体的关系情境中呈现出的自主程度和伦理意向性。根据这两项表征，内在路径中的伦理主体可以分为面向平凡技术物的操作型道德能动体、面向人工智能体的功能型道德能动体、面向人类行动者的伦理型道德能动体。这三类伦理主体以各自的方式彰显着自身的道德特性，并通过相应的道德责任的承担来实现人与技术之间的本真性共在状态。

第一节 技术伦理实现内在路径的理论基础

一、 面向人-技互动的技术调解理论

在 20 世纪的技术哲学研究中，"技术调解" 概念的出现代表了技术哲学家们研究进路和视角的转变，它广泛体现在麦克卢汉的技术媒介论①、伊德的 "人-技关系" 分析②、芬伯格的技术批判理论③及拉图尔的行动者网络理论④中。这一概念超越了传统技术哲学对人与技术关系的二元论分析，认为人与技术在根本上是相互交织、相互依存的，而技术哲学的关切点也已经从捍卫人的主体领域及防止技术异化转变为了描述人与技术相互交织的机制与特征。在此背景下，系统化的技术调解理论是维贝克在当代技术哲学的经验转向中，通过具体借鉴伊德后现象学技术哲学的分析方法、拉图尔行动者网络理论的后人类主义视角等，提出的阐述技术在人与世界的关系中的调解性角色的理论框架。技术调解理论认为，技术不仅影响着人们对外部世界的感知，也参与共塑着人们的行为选择与行为方式，并且其对人们知觉和行为的调解是非中立性的。正是这种 "人-技术-世界" 之间的交织关系构成了人的主体性、世界的客体性 "是其所是" 的场所。

从作用对象来看，技术调解可以分为知觉调解和行为调解两大类，这是技术调解理论的基础与核心所在。其中，知觉调解又被称为解释学视角的技术调解，其核心问题在于探讨技术物如何调解个体关于现实的感知，或者说现实世界如何通过技术物呈现于个体的

① 马歇尔·麦克卢汉. 理解媒介：论人的延伸 [M]. 何道宽，译. 北京：商务印书馆，2000.

② 唐·伊德. 技术与生活世界：从伊甸园到尘世 [M]. 韩连庆，译. 北京：北京大学出版社，2012.

③ 安德鲁·芬伯格. 技术批判理论 [M]. 韩连庆，曹观法，译. 北京：北京大学出版社，2005.

④ BRUNO L. Pandora's hope：essays on the reality of science studies [M]. London：Harvard University Press，1999：174-215.

认知活动。在此，维贝克主要借鉴了伊德后现象学技术哲学的分析框架与视角，阐释了技术调解是如何作用于人与世界之间的认知活动的。在具身关系中，人接纳技术物作为自身知觉器官的延伸，并透过技术物建立起了与世界之间的认知关系；在解释关系中，技术物与世界建立起了更为紧密的联系，为现实世界的某一特性提供了一种可被人类解读的展现方式。伊德认为，"技术转化了我们对世界的经验、我们的知觉和对我们世界的解释，而反过来，我们在这一过程中也被转化了。这种转化是非中性的"①。在此基础上，他将技术物的非中立性的转化能力称为"技术意向性（technological intentionality）"，并进一步指出了这种技术意向对个体知觉的转化机制："放大（amplification）"与"缩小（reduction）"，即现实的一些属性会通过技术物得以呈现或放大，而另一些属性则会被缩小甚至遮蔽。例如，具有智能降噪功能的录音笔可以定向识别并降低人声以外的噪声，自动调整被录声音的大小，从而取得录音清晰、容易识别的效果。此外，根据伊德对技术意向性的分析，这种意向性并非一成不变的，而是会在人与技术的互动中呈现出多样性——伊德称为"多元稳定性（multistability）"，即根据使用情境的不同，一项技术物可以拥有多种意向性。维贝克认为，在人与技术的具身关系与解释关系中，技术物参与到了人与现实世界之间的知觉关系中，并对人们的知觉发挥着非中立性的调解转化作用。在他看来，技术物对知觉的转化带有鲜明的解释学意味，"它表明了调解性的技术物参与共塑了现实展现于人并进而被人所理解的方式"②，其本质是让自然"说话"。

技术调解的另一重要维度是行为调解，也被称为存在主义视角的技术调解，其关注的重点是技术物如何影响个体的行为选择与行为方式。在拉图尔的行动者网络理论中，非人类（nonhuman）被赋

---

① 唐·伊德. 让"事物"说话：后现象学与技术科学［M］. 韩连庆，译. 北京：北京大学出版社，2008：58.

② PETER-PAUL V. Materializing morality: design ethics and technology mediation［J］. Science, Technology & Human Values, 2006（3）：366.

予了能动性——"这种能动性比传统自然论的因果性更为开放"①，它们同样可以通过制造差异而改变事物的状态，从而成为了与人地位平等的"行动者"。拉图尔认为，人的行为方式受其所使用的工具的影响，"行动不仅仅是个体意向及人类寻找自我的社会结构（传统的行动者和结构的二分）的结果，而且也是人类物质环境的结果"②。他将技术物对个体行为的影响作用概括为"脚本（script）"：就像是电影或戏剧的演员们总是按照脚本的规定进行表演一样，技术人工物也规定着使用者对其的使用行为。例如，塑料购物袋对使用者行为的"脚本"体现为"使用过后请扔掉"，而交通减速带所暗含的"脚本"则为"接近我时请缓行"。在维贝克看来，拉图尔所阐述的技术物的脚本作用是"在一种非语言学（non-lingual）的意义上对人们的行为产生影响，人工物作为物质性的事物（material things）而非信号（signs）或意义的承载者（carriers of meaning）而发挥作用"③。例如，同样是对驾驶行为的调解，交通信号灯与减速带发挥作用的方式是不同的：前者通过交通信号所承载的内容而使驾驶员采取相应的行为，而后者则是凭借其本身的物理性质使得驾驶员为了避免剧烈颠簸而主动采取减速行为。此外，根据拉图尔对行动者网络中"转译（translation）"现象的阐释，当一个行动者与另一个行动者建立联系时，两者原有的行动程序就会被整合转译为一种新的行动程序，这表明技术物对个体行为的调解并非中立性的力量转运。因此，技术物的行为调解存在着"激励"和"抑制"两类非中立性作用。例如，减速带的行动脚本"抑制"了驾驶者的正常驾驶速度，而环保购物袋则以其"坚韧耐用、造型美观"的脚本"激励"了使用者对其循环使用。此外，这种对行为的转译作用也具有"多元稳定性"，即在不同的使用情境中，技术调解对使用者的行为会呈现出不同的"激励-抑制"结构。

以上关于技术物对个体知觉及行为的调解分析构成了技术调解

---

① BRUNO L. Reassembling the social: an introduction to actor-network-theory [M]. Oxford: Oxford University Press, 2005: 10.

② 彼得·保罗·维贝克. 将技术道德化：理解与设计物的道德 [M]. 闫宏秀, 杨庆峰, 译. 上海：上海交通大学出版社, 2016: 12.

③ PETER-PAUL V. Materializing morality: design ethics and technology mediation [J]. Science, Technology & Human Values, 2006 (3): 367.

理论的核心，这也延续了现象学技术哲学一贯的"个体主义"分析
视角。但就作用范围来讲，技术调解不仅发生于个体与世界之间的
相互关系中，还包括了对群体层面的社会实践（social practices）及
解释框架（framework of interpretation）的调解。与个体层面的技术
调解类似，技术在群体层面的调解同样可以分为两大类：解释学视
角的技术调解与存在主义维度的技术调解。前者主要关注技术在特
定社会情境中对于群体所共享的解释框架的调解，而后者的核心问
题则是技术对群体在特定情境中的社会实践的调解性影响。例如，
当在教学活动中逐渐引入数字化教学技术，如远程教学系统、多媒
体教学系统等，则不仅对传统的教学活动及教育过程产生了影响，
而且传统教育观念中对"教育""师生关系"的界定也将随之发生
改变。当然，这种群体层面的技术调解通常是建立在个体调解的基
础上的，数字化教学技术对教学活动的改变，最根本的是源于对教
师及学生在教学情境中的个体经验与行为的调解作用。

在技术调解理论的基本框架下，斯提芬·多瑞斯汀（Steven
Dorrestijn）与维贝克等在借鉴技术媒介研究、现象学技术研究的概
念范畴的基础上，又根据技术调解的作用维度将其分为了四种类型
（见图 3.1）[①]：第一，上手式调解（mediation-to-the-hand）。上手式

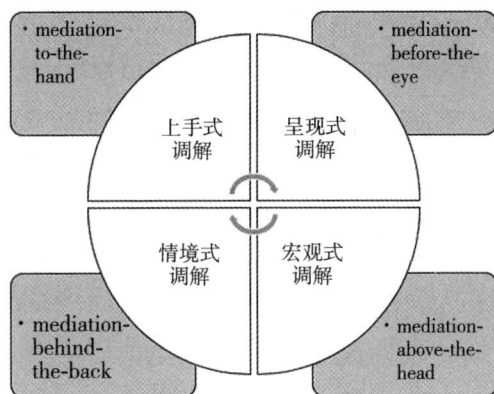

图 3.1 技术调解的作用维度

[①] STEVEN D, MASCHA van der V, PETER-PAUL V. Future user-product arrangements: combining
product impact and scenarios in design for multi age success [J]. Technology Forecasting & Social Change,
2014（89）：284-292.

调解主要是物理性调解，它作用于人的身体或行为。对于这一概念的理解可以参考海德格尔对"上手之物（ready-to-hand）"的概括，即当技术作为工具被人们得心应手地使用时，"它们与人的存在和环境有'上下其手'的关系"①。上手之物以隐性的、不引人注意的形式被结合到人的身体或行动中。例如，在具身关系中技术物不仅可以作为人的感觉器官的延伸（如眼镜之于双眼、助听器之于耳朵）而参与到个体的认知活动当中，而且还能作为人类身体的延伸（如斧头之于手臂、拐杖之于双腿）而构成对个体行为的直接参与。第二，呈现式调解（mediation-before-the-eye）。呈现式调解主要是认知性的调解，它通过提供需要认知理解的信号（signals）来调解人们的知觉和行为选择。这一类型的调解与人们的决策过程密切相关。在解释关系中，技术提供了关于世界的某种表征，而人类通过对表征的解读来形成对某一现实的看法，并进而影响人们的行为选择与行动决策。例如，通过对天气预报各项指标的解读，人们可以在出门前便对室外温度有所了解，并在此基础上对自己的衣物穿着、出行方式进行选择。第三，情境式调解（mediation-behind-the-back）。情境式调解类似于伊德所提出的人与技术间的背景关系，它主要作用于人们存在于其中的环境，技术在其中发挥着情境性、架构性的调解作用。在情境式调解中，技术物不直接作用于人的知觉、身体或行为，但却可以参与构建出人类经验并行动于其中的物质性及意义性架构（a material and meaningful infrastructure）。第四，宏观式调解（mediation-above-the-head）。宏观式调解相较于其他三种技术调解类型而言最为抽象，它主要关注大写的技术在宏观层面对整个人类的影响。尽管这种宏观视角已经超出了技术哲学经验转向的基本关怀，但多瑞斯汀等认为，技术物对个体层面的调解最终会超越个体维度而延伸到更为抽象的宏观领域。在他们看来，经典技术哲学中对于技术与社会、技术与人类关系的探讨通常属于这一范畴。例如，受人工智能和机器人技术发展的影响，技术不再只是单纯的工具性存在，而成为了具有某种类人特征的行动者，人与技术之间的界线也因此越来越模糊，这必然对长久以来二元论框架下形成的人

---

① 赵敦华. 现代西方哲学新编［M］. 北京：北京大学出版社，2012：122.

的自我认知产生冲击。

从作用效果来看，技术调解可以分为决定性调解（decisive mediation）、诱导性调解（seductive mediation）、强制性调解（coercive mediation）以及劝导性调解（persuasive mediation）。设计学家丁克·创普（Dynke Tromp）在研究技术物对人类影响的过程中，提出了两条分类标准：其一是技术影响的作用强度（force），有强弱之分；其二是技术影响的可见性（visibility），有显性和隐性之分。维贝克根据这两条标准，将技术调解的方式分为了四类（见图 3.2）：

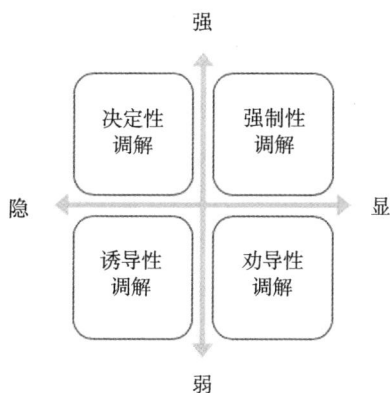

图 3.2 技术调解的作用类型

就作用强度而言，决定性调解与强制性调解的影响力更为显著，而诱导性调解和劝导性调解的作用力相对较弱；就可见度而言，决定性调解及诱导性调解属于隐性调解，而强制性调解与劝导性调解则属于显性调解。① 例如，在规范购票者排队行为的情境中，人们很容易忽略贴在墙上的劝导性标语——"购票请排队"，但却不得不在引导护栏及单向转盘的强制规范下按秩序排队购票。在建筑设计布局中，增加公共空间的吸引力，如摆放舒适的沙发、安置咖啡机等，将会诱导人们产生更多的互动和交流，而取消公共空间的设计则会决定性地削减人们互动的频率。

技术调解理论系统阐述了人–技术–世界互动的微观–中观–宏观

---

① NYNKE T, PAUL H, PETER-PAUL V. Design for socially responsible behavior: a classification of influence based on intended user experience [J]. Design Issues, 2011, 27 (3): 3-19.

机制，从中可以看出，在现代技术社会中，技术物对个体、群体以及社会的调解性影响无处不在，个体所知觉到的世界是被诠释的现实（interpreted reality），人的存在更多地表现为情境性的主体性（situated subjectivity），群体的社会实践及价值框架也是在技术调解的参与下构建起来的。由此，技术伦理实现外在路径中的二元论框架已然岌岌可危：技术不再是完全受制于人的工具性存在，而人类的主体性也不可能再建立在原初推动者（prime mover）及绝对自主性（autonomy）的基础之上。那么，人类应该如何面对技术调解？如何在自身的境遇性的存在中重新塑造起新的主体性？这是技术调解理论向技术伦理实现提出的亟待解决的问题。

二、 面向权力-主体关系的自我建构伦理学

自我建构伦理学是福柯在现代主体的谱系学研究中，通过探讨权力与主体的相互关系而提出的新的伦理学视角。福柯首先考察了微观权力对主体的无处不在的规训力量，对传统伦理框架中预设的自主主体进行了否定，而后又将目光转向了伦理领域，为人类探索出了面向规训权力的自由可能：通过自我技术将自身建构为伦理主体。

福柯的"现代主体的谱系学"研究源自其与众不同的现代性态度。在《何为启蒙》一文中，福柯借由对康德关于启蒙的哲学思考的探讨表明了他对于现代性的理解。福柯认为，康德处在启蒙的当下而对启蒙所进行的反思，表明了"或许一切哲学问题中最确切的问题是现时问题，是在这一时刻，我们是什么的问题"①。因此，由启蒙开启的现代性所代表的应该是这样一种"限界态度（limit attitude）"：它是与现时性发生关联的模式，是深入到对事件的历史考察中，对主体存在的界限进行反思。这种反思"不是对既有界线，对那些似乎是普遍的、必然的、不可避免的界线进行探讨；而是相反，批判是对可能的对界线的僭越（transgression）进行探讨，它不

---

① HUBERT L D, PAUL R. Michel Foucault: beyond structuralism and hermeneutics [M]. Chicago: University of Chicago Press, 1982: 216.

是避免越过界线，而是着意探讨越界的可能性"①。因此，不同于现代批判理论对权力与主体进行的先验的、对立式的划分，福柯更侧重于在历史的境遇中对权力和主体进行谱系学和考古学的考察，他所关注的问题是，"在各种历史性的实践和理论形态中，在与各种权力形态的复杂关系中，主体究竟是如何被构建和自我构建的"②。例如，在知识权力的框架下，人类如何将自己建构为知识主体，而自身也成为了知识的客体；在规训权力的框架下，人类如何将自己构建为能够宰治他人的权力主体，同时又沦为了权力所要驯服或已经驯服的对象。

在《规训与惩罚》中，福柯以规训权力为核心，集中探讨了现代权力对于主体的构造机制。在他看来，现代权力不再表现为宏观的、集中式的国家权力，而是"触及个体的细胞，通达他们的身体，并将寓于他们的姿态、他们的态度、他们的话语、他们的培训、他们的日常生活中"③，以一种更加细微的方式实现着对个体的改造。在现代社会，"规训的技术"④ 一方面被整合到特定的权力关系中，实现并强化着这种关系，例如通过圆形监狱实现的监管者对犯罪者的单向监视；另一方面又通过训练来确保规训技术对个体的改造能顺利完成。福柯认为，规训权力就其本质而言是这样一种矫正训练的艺术，它不仅适用于监狱、精神病院这样面向特殊人群的社会机构，同时也是工厂、学校等日常机构的运作实质，它们都是"透过身体的空间定位、活动的节奏控制、训练的有效组织、力量的合理构成等技巧"⑤ 实现对个体的规范化处理，从而使普遍理性原则能够在个体身上得以呈现，也由此成为了个体想要融入社会、获得文化意义的逃不开的境遇性存在。

---

① 汪民安. 福柯的界线 [M]. 南京：南京大学出版社，2008：257.

② 张廷国，李佩纹. 论福柯的"主体"概念 [J]. 江海学刊，2016 (6)：54.

③ 福柯. 言与文：卷二 [C]. 巴黎：伽俐玛出版社，1994：741. 转引自 杨大春. 身体经验与自我关怀：米歇尔·福柯的生存哲学研究 [J]. 浙江大学学报（人文社会科学版），2000 (4)：120.

④ 福柯对"技术"一词的运用，不仅包括了实体化的技术工具，更是指对个体行为实践的管理方法和技巧。

⑤ 杨大春. 身体经验与自我关怀：米歇尔·福柯的生存哲学研究 [J]. 浙江大学学报（人文社会科学版），2000 (4)：120.

福柯对于现代社会规训权力的揭示构成了对传统伦理框架中预设的自主性主体的根本性否定，但这并非福柯进行主体性研究的根本目的所在。在其学术生涯的晚期，福柯又回到了古典伦理学那里，通过对性禁忌的历史的考察提出了主体自我建构的伦理学：在古希腊时期，伦理并非是以性禁忌或对欲望的压抑等形式出现的，而是个体将自己构建成为自身行动的道德主体的实践方式。福柯将这种自我建构的伦理学分为了四项构成要素。第一项要素为伦理实体（the ethical substance），即伦理学的分析对象，它关注的是"自我或者自我的哪个部分与道德行为相关"①。在对古希腊性经验史的考察中，其伦理实体表现为欲望及性快感，与此相关的行为构成了古希腊伦理学的分析对象。第二项要素为主体化模式（mode of subjection），即"人们被呼请或者被激励去发现自身道德义务的方式"②。不同于基督教伦理中出于对神的信仰，也不同于现代伦理中因外在权力制度或道德规范的约束，古希腊伦理中的主体化模式表现为一种基于生存美学的个体选择：古希腊人对节制的推崇是一种对快感和欲望的主动控制，其目的不在于压制或否定自身，而是"为了获得一种美的名声，创造出个人的美学风格，赋予自己以特殊的生命之辉光"③的自我关怀。第三项要素是"自我技术（technologies of the self）"，即个体在主体化模式的塑造过程中所采取的方法。具体而言，自我技术是指"个体能够通过自己的力量，或者他人的帮助，进行一系列对他们自己的身体及灵魂、思想、行为、存在方式的操控，以此达成自我的转变，以求获得某种幸福、纯洁、智慧、完美或不朽的状态"④。在面对性欲望时，古希腊人的自我技术表现为通过勤勉的自我训练而实现对快感的适时适度的控制和运用，使自己成为自己行动的主人而非欲望的奴隶。第四项要素是"目的（teleology）"，即"当我们遵从道德标准行动时，我们追求的是哪一种

---

① 米歇尔·福柯. 福柯读本 [M]. 汪民安，译. 北京：北京大学出版社，2010：306.
② 米歇尔·福柯. 福柯读本 [M]. 汪民安，译. 北京：北京大学出版社，2010：307.
③ 米歇尔·福柯. 福柯读本 [M]. 汪民安，译. 北京：北京大学出版社，2010：241.
④ 米歇尔·福柯. 自我技术：福柯文选Ⅲ [M]. 汪民安，编译. 北京：北京大学出版社，2016：54.

存在"①。自我技术的实施对象是主体自身，通过自我技术的运用，古希腊伦理中的主体化模式成为了生存个体的自我认证形式。对于古希腊人而言，他们通过自我技术实现对快感和欲望的主动控制，实际上是对一种能够自我控制的生命形式的认证。

从规训的技术到自我的技术，福柯对于权力与主体关系的历史性考察使人们意识到，主体并非完全是由外部权力所塑造的，即使现代社会的微观权力机制已经深入到了个体生活的方方面面，人们依然保有一种通过自我技术进行主体塑造的自由，即以一种审慎的、主动的、创造性的方式与规训性的权力建立起联系，通过自我操控与训练来调适、纠正甚至改变权力加之于人们的作用，在此过程中建构起人们与权力共存的具有个人风格与生存美学的主体性。从这一视角来看，福柯并不认为规训权力是可以完全与主体划分开来的异己性存在，而是构成了主体建构的现实境遇。人的存在本身就是一个敞开的过程，"只有当人周围的世界对他而言不再是异己的、敌对的力量，真正成为他自身的世界，甚至在某种意义上成为他扩大了的自我的组成部分时"②，个体才有可能在自我生命的现实范畴中进行伦理主体的自我构造，一个具有自由、伦理、美学维度的主体才重新得以可能。

此外，福柯还通过自我技术在古希腊与基督教时期所呈现出的不同实践形态，将伦理与道德区分为两种对立的主体化模式。古希腊时期所强调的是一种基于自我关怀的伦理，其自我技术是基于个体生存美学的需要而进行的主动选择，个体对于欲望和快感的节制是因其想要将自己建构为自身行动的主体，以达到某种完美的状态。在这一伦理框架中，个体的自我实践构成了伦理的核心，所关注的是个体通过何种实践去作用于伦理实体，以各种方式去实现风格化的生活美学；与此同时，它也是一种自由的践行——"人们对自己欲望的控制是完全自主的，在这种自我控制中，人们获得了自由：对欲望和快感的自由，自我没有成为欲望和快感的奴隶，而是相反

---

① 米歇尔·福柯. 福柯读本 [M]. 汪民安，译. 北京：北京大学出版社，2010：308.
② 陈帅，林滨. 从知识主体向伦理主体的回归：福柯生存美学的伦理维度 [J]. 中南大学学报（社会科学版），2017（4）：69.

地成为它们的主人"①。然而在基督教时期，"主体化模式成了神圣的法规，伦理实体也发生了变化，它不再是性快感，而是欲望、邪念、肉体等"②。由此，自我技术则表现为一种对自我的否定和舍弃：基督徒一方面通过忏悔和苦修来抛弃自己的欲望，另一方面通过对导师的服从而抛弃自己的意志和自由选择。这样的主体化模式所构建的已经不再是伦理主体，其核心变成了规范性的道德准则，个体通过对道德准则的消极服从而成为道德主体。通过这种对比可以发现，福柯基于自我关怀的伦理框架更符合当下技术伦理实现的境遇：普适性的价值体系已经崩塌，伦理原则的规范性逐渐失效，自我与他者及外在权力的界线越来越模糊，建立在个体自由意志基础上的自主主体已成幻象。对此，只能重回古希腊时期，去寻回那种"不是基于一神宗教而建立起个人的伦理，也不是基于社会工程的制度化之强制性，而是基于少数精英的个人选择而建立起一种'美学的伦理'"③。

从技术哲学的视角来看，福柯对于微观权力的描述类似于海德格尔笔下的技术座架，同样也可以用于维贝克对技术调解作用的分析："权力和技术都以一种意志性力量规范和影响着人们对世界的感知和行为，塑造着整个世界。换言之，权力的运作机制就是技术。"④ 因此，福柯关于权力境遇下伦理主体建构的探讨对于回应技术调解向技术伦理所提出的挑战而言，具有十分重要的借鉴意义：技术调解构成了现代技术社会中主体进行自我建构的特殊情境，对此，新的伦理主体的构建"既非一味地将主体交付于技术的调解性力量，也非否认技术调解在主体建构中的作用，而是主动伴随并重塑技术对个体的调解作用"⑤。只有这样，才有可能在技术调解的框

---

① 米歇尔·福柯. 自我技术：福柯文选Ⅲ [M]. 汪民安，编译. 北京：北京大学出版社，2016：14.

② 蒋雯. 自我技术的三种实践 [J]. 中国图书评论，2016 (8)：21.

③ 王辉. 从"权力的技术"到"自我的技术"：福柯晚期"技术-伦理"思想研究 [J]. 浙江社会科学，2014 (9)：106.

④ 张卫. 当代技术伦理中的"道德物化"思想研究 [D]. 大连：大连理工大学，2012：18.

⑤ PETER-PAUL V. Obstetric ultrasound and the technological mediation of morality: a postphenomenological analysis [J]. Human Studies, 2008 (31)：23.

架下创造出更为丰富的生命存在样态，从中实现人类新的伦理主体性。

三、面向技术时代的责任伦理学

在哲学意义上，责任的形成有三个条件：最首要的条件是因果力，即人们的行为都会对世界造成影响；其次，这些行为都受到行为者的控制；最后，在一定程度上能预见后果。① 从技术的本质及责任形成的条件来分析，技术作为人造物，其所产生的影响必然被包含在人类所应承担的责任范畴之中。有学者认为，技术责任的产生是技术与责任相互作用的结果。技术在产生之初实际上就隐含着如何使用技术、如何使技术为人类服务以及为谁服务的问题。这些问题不仅要在技术范围内得到解决，而且"在本质上也同时需要人们在技术理性之外进行理解，即它脱离不了人们对之进行的有关伦理方面的思考与反思"②。从这一角度来看，技术责任问题的产生在现实与逻辑上都是必然的。

就技术的发展历程来看，技术责任问题的凸显与技术力量的壮大直接相关。在古代社会，受技术等发展水平制约，工匠活动的影响范围极其有限，责任的范畴更多地体现在人与人的关系当中，体现在工匠的社会角色当中。然而，尽管古代工匠的"技术后果"相对较小，但也存在着"物勒工名"的追责机制，即在器物上镌刻制造者的姓名以便于日后进行审查追责，以确保工艺品生产的质量。工业革命之后，技术以其强大的发展速度和势头，对人类社会及自然环境产生了深远影响。通过技术这一中介手段，作为主体的人类与作为客体的自然环境发生着越来越深切的联系，于是，责任问题开始推广开来，由人类个体之间的关系扩大到作为物种的人类与自然环境的关系、作为个体的人与社会群体的关系，以及人类群体与群体的关系当中。

进入 20 世纪，随着哲学实践维度的复兴，西方学界对伦理责任

---

① 卡尔·米切姆. 技术哲学概论 [M]. 殷登祥，曹南燕，译. 天津：天津科学技术出版社，1999：97.

② 杜宝贵. 论技术责任主体的缺失与重构 [M]. 沈阳：东北大学出版社，2005：18.

的研究兴趣也得到前所未有的激发。由于对"责任"概念的探讨主要集中在德语区，因而在德裔哲学家当中最先开始有人将责任与技术关联起来，关注技术发展中涉及的责任问题。在德国，最早注意到技术的责任和伦理问题的是技术哲学家汉斯·萨克瑟（Hans Saehsse）。他在1972年发表了《技术与责任》一书，"第一个将由马克斯·韦伯引入伦理学的责任概念与技术相联系"①。此外，汉斯·伦克（Hans Lenk）和汉斯·约纳斯（Hans Jonas）两位学者对技术责任问题进行了更为体系化的研究。

汉斯·伦克是"最早注意到技术的责任和伦理问题"②的哲学家之一，他关于责任概念的分类和优先秩序原则为后来的技术伦理学家们建立自己的责任伦理体系奠定了基础。伦克认为，面对不断累加的技术风险以及由技术造成的整体问题，"在宿命论式的袖手旁观以及技术的过激行为主义之间，唯一可行的出路便是让人们担负起责任"③。但是，在伦克看来，将责任诉诸某个行为主体或责任承担者的传统责任追究思路是极其有限的，"我们必须放弃找人做替罪羊的传统心态"④。伦理学对于责任的探讨必须适应现代技术时代的特点，而现代技术影响范围的扩张需要扩大了的责任———一种面向未来的责任。

在伦克看来，面向未来的责任首先是一种范围扩张但结构分散的责任，因此，必须对责任理念以及责任的不同概念、类型、性质、形式进行系统区分。"一方面，责任等级的划分要基于决策命令、行为参与的密集程度以及范围；另一方面，不能因为参与者众多而削减个体责任。"⑤ 伦克由此提出了如行为责任、角色责任、因果责任、人物责任、道德责任、法律责任、政治责任等诸多责任类型与

① 王国豫. 德国技术哲学的伦理转向 [J]. 哲学研究, 2005 (5)：95.

② 李文潮, 刘则渊. 德国技术哲学研究 [M]. 沈阳：辽宁人民出版社, 2005：18.

③ 汉斯·伦克. 人与社会的责任：负责的社会哲学 [M]. 陈巍, 励洁丹, 任春静, 译. 杭州：浙江大学出版社, 2020：176.

④ 汉斯·伦克. 人与社会的责任：负责的社会哲学 [M]. 陈巍, 励洁丹, 任春静, 译. 杭州：浙江大学出版社, 2020：173.

⑤ 汉斯·伦克. 人与社会的责任：负责的社会哲学 [M]. 陈巍, 励洁丹, 任春静, 译. 杭州：浙江大学出版社, 2020：173.

等级，并在此基础上探讨了责任的关联性及监管的可能。可以看出，在伦克的责任哲学中，责任构成了一种多关系、多层次的结构性概念体系。

此外，伦克认为，面向未来的责任同样是一种开放性的责任，它涉及所有的相关者和参与者，因而必须细化责任分配以及责任履行的控制过程。"一方面，需要合理表现并确定个体的共同责任（尤其是从传统的过错意识来看）；另一方面，要能保留个人的参与能力和可参与性，但同时会以某种方式使其更具操作性。"① 而当不同的责任发生冲突时，为了使责任得以顺利履行，还必须考虑优先秩序。据此，伦克进一步提出了"当事人的道德权利优先于对利益的考虑、普遍的道德责任优先于任务与角色责任、直接的原初的道德责任一般情况下优先于间接的遥远的责任"② 等十六条原则。他认为："只有负责任的、明智的调控以及自我克制才是可行方法，才能延缓冲突并推迟灾难性时刻的到来。"③

德裔美籍哲学家汉斯·约纳斯是学界公认的对技术责任伦理探讨最为深刻的哲学家之一。1979 年，约纳斯用德语发表了《责任原理——工业技术文明之伦理的一种尝试》，在世界范围内引起了广泛影响，"拓展了整个伦理学的视野，开创性地把'责任伦理'打造成了科技时代独有的伦理"④。在约纳斯看来，"技术在今天延伸到几乎一切与人相关的领域——生命与死亡、思想与感情、行动与遭受、环境与物、愿望与命运、当下与未来，简言之，由于技术已经成为地球上全部人类存在的一个核心且紧迫的问题，因此它也就成为哲学的事业"⑤。对此，约纳斯进一步提出将"责任"作为技术时代人类应对挑战的基本伦理概念，他不仅在时间和空间的双重维度

---

① 汉斯·伦克. 人与社会的责任：负责的社会哲学［M］. 陈巍，励洁丹，任春静，译. 杭州：浙江大学出版社，2020：174-175.

② 张楠. 当代技术发展中的责任伦理研究［D］. 大连：大连理工大学，2006：15.

③ 汉斯·伦克. 人与社会的责任：负责的社会哲学［M］. 陈巍，励洁丹，任春静，译. 杭州：浙江大学出版社，2020：176.

④ 胡明艳. 纳米技术发展的伦理参与研究［M］. 北京：中国社会科学出版社，2015：81.

⑤ 汉斯·约纳斯. 技术、医学与伦理学：责任原理的实践［M］. 张荣，译. 上海：上海译文出版社，2008：15.

上拓展了"责任"概念的内涵，并且对人之责任进行了形而上学层面的论证。

首先，技术时代的责任伦理体现为时间与空间双重维度上的"远距离伦理"。一方面，在时间维度上，这种远距离的伦理意味着一种朝向未来的延续性。在传统伦理学中，责任通常是指向个体已经发出的行为，并根据其产生的影响进行道德评价及责任的分配与承担，属于一种"事后责任"。然而，现代技术实践的结果通常需要很长时间才能得以显现，甚至现代技术风险更多地体现为一种技术后果难以预料的不确定性。对此，一味拘泥于事后责任就等同于对责任的回避，对责任的承担必须超越过去及当下的存在，指向即将发生或可能发生的未来。此外，这种朝向未来的伦理也是由责任对象所决定的。约纳斯责任伦理的实质是一种对生命的责任，生命的延续性使得责任不能局限于生命某一个时间段的当下存在，而应该伴随着生命的延续不断生发出新的责任，指向人类命运的未来。另一方面，责任伦理在空间维度的"远距离"体现为一种克服了人类中心主义的对自然的伦理关怀。在生态伦理的视域中，人类中心主义通常代表了"人为万物的尺度""一切从人类利益出发"等观点，这些观点在近代技术工业化的进程中引发出了一系列严峻的生态环境问题。面对日益恶化的人与自然之间的关系，约纳斯超越了近代伦理学中的人本位思想，赋予了自然一种基础性的价值地位：自然和人类共同构成了一个整体性的意义关联的世界，作为一种生命存在，其价值与目的就在于其存在本身，也就指向了一种内在的善本身。因此，自然的价值性地位构成了人类责任的基础，并向人类发出了"应当"的呼求——"人既不能漠然地同人以外的生命世界打交道，又不能漠然地和人自身打交道。在使用的自由之外也有保持的义务"①。

其次，约纳斯在其责任伦理中提倡一种以关护为原则的非对称性责任。在传统的对称性责任中，一方的责任总是与另一方的权利相对应，而且权利与责任之间的转换具有相互性，即双方都能够通

① 汉斯·约纳斯. 技术、医学与伦理学：责任原理的实践 [M]. 张荣，译. 上海：上海译文出版社，2008：86.

过责任的承担来获取相应的权利，所体现的是一种公平的理性原则。但约纳斯所论的非对称性责任，则是一种基于关护意识而主动发出的伦理责任。行为主体"不以被关护者的回报为前提，也无须以同样权能的理性主体之间的关系为前提"①，体现的是一种非对称、非对等、非交互的责任关系。约纳斯以父母与婴儿之间的关系为例对这种非对称性责任进行了说明：对于父母来说，"生养者的承诺已隐含在生育行为中。父母对这承诺的遵守成为对这小生命的必不可少的职责，他真正凭本身的权利同时又完全依赖于这遵守而存在"②。对婴儿来说，其"每一次呼吸所宣称的内在的应该存在因此转换成他人的应该行动，只有他们才能帮助他持续地要求获取权利，并使他一开始就拥有的目的论前景有可能逐步实现"③。在父母与婴儿之间的责任关系中，父母对婴儿的照顾与关怀是完全主动的，他们不以向子女索求回报为前提，而纯粹以满足婴儿的生存需要为责任，是一种典型的非对称性责任。

最后，技术时代的责任伦理在责任主体的认定上具有"整体性"，它超越了传统伦理学中的个体维度，而在公共层面对人类整体提出了承担伦理责任的要求。在现代技术社会中，个人的力量在技术面前愈发有限，集体的权力则不断扩张：不仅大科学时代的科学研究呈现出了集体化的特征，技术活动的参与者也通常以群体的面貌出现。因此，约纳斯认为，"现代技术文明在伦理学上提出的重大问题的绝大部分成了集体政治的事业"④：一方面，技术问题的后果不再是个体甚至单独某一群体所能承担的，工程师或科学家群体尽管是现代技术得以产生的必要条件，但"在高度分化与高度建制化的社会技术体系面前却显得'渺小''可怜'"⑤；另一方面，尽管

① 甘绍平. 交谈伦理能够涵盖责任伦理吗？[J]. 哲学动态，2001（8）：14.

② 汉斯·约纳斯. 责任原理：技术文明时代的伦理学探索 [M]. 方秋明，译. 香港：世纪出版有限公司，2013：168-169.

③ 汉斯·约纳斯. 责任原理：技术文明时代的伦理学探索 [M]. 方秋明，译. 香港：世纪出版有限公司，2013：169.

④ 汉斯·约纳斯. 技术、医学与伦理学：责任原理的实践 [M]. 张荣，译. 上海：上海译文出版社，2008：226.

⑤ 杜宝贵. 论技术责任主体的缺失与重构 [M]. 沈阳：东北大学出版社，2005：10-11.

传统伦理在人与人直接沟通的个体化层面上依然具有效力，但技术的发展已然使"我们正处于超个人的、公共的领域，在那里，好的和坏的'时光'都已经准备就绪"①。对此，"我们必须在私人的和公共的、个体的和集体的领域之间作出区分"②，责任的实现必须依靠社会和集体的力量，是整个人类必须承担的义务，而个体则活动于制度化的框架中，通过改变其生活方式——"参与到恢复自我约束本身的名誉这种活动中"③ ——来为人类集体的事业作出贡献。

作为技术时代责任伦理的开创者之一，尽管约纳斯对于责任伦理的探讨更多的是"建立在前理论的直觉的基础上的，他对于责任原则也从未进行过很强的哲学论证"④，但依然对于人们理解当今时代的技术责任新维度有着重要的启示性作用。首先，就技术调解情境中的个体实践而言，不仅行为的发出与行为结果之间存在着时空上的延展，甚至在行动的意向与行动的采取之间也会发生延迟。承认技术对人类行动意向的调解作用，并不意味着人们摆脱了对其受技术影响的行为的责任，而是需要以一种新的责任观重新进行责任的认定与划分。对此，约纳斯提出的远距离责任可用以分析受技术调解的个体实践中的责任分配与承担问题：不仅设计者应该对使用情境中的技术调解负责，使用者也应当通过积极参与技术设计及评估来为自己受技术调解的行动承担责任。其次，现代技术风险不仅表现为技术后果的严重性，更表现为技术问题的不确定性及模糊性。对此，一种面向未来的"事前责任"显然更有利于积极地预测并规避技术风险，以一种审慎的、建构性的态度对待技术发展。再次，约纳斯的责任伦理突出了群体在技术伦理实现中的行动者地位，对福柯的个体建构的伦理学构成了有力补充。正如他在一次关于责任原理的访谈中所说，尽管个体如何过上一种好的生活的问题依然悬

---

① 汉斯·约纳斯. 技术、医学与伦理学：责任原理的实践 [M]. 张荣，译. 上海：上海译文出版社，2008：61-62.

② 汉斯·约纳斯. 技术、医学与伦理学：责任原理的实践 [M]. 张荣，译. 上海：上海译文出版社，2008：61.

③ 汉斯·约纳斯. 技术、医学与伦理学：责任原理的实践 [M]. 张荣，译. 上海：上海译文出版社，2008：52.

④ 甘绍平. 交谈伦理能够涵盖责任伦理吗？[J]. 哲学动态，2001（8）：13.

而未决，但在现代技术文明中伦理学需要探讨的主要问题则是"我们"可以为此做点什么。最后，在约纳斯的责任伦理中，对于非对称性责任的主动承担实际上构成了人的权力和自由的体现——"人们对事情负责是因为事情就在自己的权力范围之内，因此取决于自己的行动"①。这种从责任承担角度出发对于人的伦理角色的认定，对于理解和重建技术权力规训下的人类主体性同样具有借鉴意义。

第二节　技术伦理实现内在路径的目的指向

一、　共在：关系性维度的伦理诉求

如前所述，鉴于技术伦理包含着的关系性维度，技术伦理实现也意味着人与技术间的应然性关系在实践中的落实。而在技术伦理实现的外在路径当中，人与技术之间的应然性伦理关系主要表现为主体与客体、目的与手段的二元关系。在这种关系中，无论人们是否认可技术的积极伦理价值，传统技术伦理实现的实质目的都是要捍卫人与技术之间的界线，确保技术的工具性地位始终如一，以捍卫和彰显人的主体性。例如，基于"技术异化论"的传统伦理关怀，通常致力于恢复人与技术之间的控制与被控制关系，换句话说，也就是恢复技术的工具性角色，防止工具性的技术对人的主体地位造成威胁。即使是在乐观的技术乌托邦主义者眼中，技术对于道德进步的推动也建立在其工具性的角色之上：技术对于人类需要的满足构成了技术可靠性的表现，并在伦理实现中成为人们更准确高效地达成道德目标的手段，这种对技术伦理价值的认知也因此被称为"道德工具主义（moral instrumentalism）"②。

然而，技术伦理实现的内在路径中，关系性维度的伦理目标则体现为一种人与技术的本真性共在状态。共在，即"与他人共在（being-with-others）"，是海德格尔存在主义现象学中的重要概念，

---

① 汉斯·约纳斯. 技术、医学与伦理学：责任原理的实践 [M]. 张荣，译. 上海：上海译文出版社，2008：292.

② PETER-PAUL V. Moralizing technology: understanding and designing the morality of things [M]. Chicago：The University of Chicago Press，2011：51.

描述了一种把自我和他人同时显现出来的存在方式。在海德格尔看来，"共在"关系存在着非本真与本真两种状态。在非本真的共在状态中，自我或对他人态度淡漠、陌如路人，或越俎代庖、代替他人"操持"，或消失于他人之中而沉沦为"常人"——自我与他人的关系出现了混淆与失衡，由此也妨碍了自我与他人对各自此在的把握。① "仅当共在双方都能够自由地把握自己的此在时，才谈得上本真的共在"②。因此，本真的共在状态意味着"自我保持了与他人的距离，达到了自我和他人之间的平衡关系；同时又能以我为主，回应他人"③。在技术调解的框架中，共在关系中的他者也可以是与人类互动的技术物，即人的存在呈现为一种"与技术共在（being-with-technology）"的状态。由此推论，人与技术的本真性共在状态体现为一种人与技术之间的恰当距离与平衡关系。

那么，应如何理解人与技术间的"恰当距离与平衡关系"呢？近些年来学界对人与技术间相互关系的认定与再解读为此提供了更为具体的理论探讨：一方面，在技术哲学的经验转向中，学者们分别从后现象学技术哲学、技术的社会建构论等不同的视角出发，共同阐明了人与技术的相互交缠（intertwined）的状态；另一方面，在后转向时代，对于这种状态的解读不再仅限于探讨人与技术之间的"共同（co-）"维度，更是关注起了两者之间的"非共同（non-co）"维度。

相较于海德格尔现象学所勾勒出的揭示世界的整体性的技术座架，伊德开启的后现象学技术哲学进路更加关注日常生活中存在和使用的各种实体技术人工物。"后现象学是一种修正的、混合的现象学"④：它以实用主义的经验分析模式对古典现象学加以修正，是实用主义与现象学的结合，并在技术哲学的框架下以具体的（经验的）方法来研究多样化的技术。根据伊德所提出的技术物与生活世界的关系，人朝向世界的意向性或是通过技术物实现的（具身关系、解

---

① 马丁·海德格尔. 存在与时间 [M]. 陈嘉映，王庆节，译. 北京：商务印书馆，2016.

② 马小虎. 海德格尔与亚里士多德的共在论比较 [J]. 道德与文明，2018（2）：56.

③ 赵敦华. 现代西方哲学新编 [M]. 北京：北京大学出版社，2010：123.

④ 唐·伊德. 让"事物"说话：后现象学与技术科学 [M]. 韩连庆，译. 北京：北京大学出版社，2008：30.

释关系），或是指向技术对象的（它异关系），或是在技术物构成的情境中形成的（背景关系）。由此，传统现象学中的"人-世界"结构转变为了"人-技术-世界"的结构，技术物在人与世界的关系中发挥着居间调解的作用。沿着这一进路，维贝克将技术的中介性作用进一步深化为了系统性的技术调解作用，两者的核心差别在于维贝克认为"实体是在其受到调解的相互关系中被构建起来的"①。从一种"无基础的（nonfoundational）现象学"② 视角来看，技术物不仅仅是处于既有实体（pre-given entities）之间的中介者（intermediary），其所蕴含的技术意向关系更是实体得以构建的来源和场所。由此，人的"在世之在（being-in-the-world）"变成了"与技术共在的在世之在（being-with-technology-in-the-world）"。"技术人工物与人共同在生活场景中的相互作用构成了现实生动、有序、有效的生活世界"③，自我、世界、技术同时在这种共在关系中显现出来。

与此同时，"共在"的概念不仅体现为共在双方的交互性状态，还包含了两者之间的差异性。在海德格尔看来，他人的存在并不构成对自我的威胁，共在的关系恰恰"决定了自我与他人的关系不可能是非此即彼，但可以是此涨彼消的"④。在后现象学技术哲学中，人与技术的共在关系同样表明了两者之间不是非此即彼的。技术的存在对人而言并不构成威胁，对于"自我"的强调没有必要通过拒斥技术的方式进行，重要的是在与技术的互动中保持人的独特性。在后现象学技术哲学对具体技术物的经验性考察中，可以发现，实

---

① PETER-PAUL V. Expanding mediation theory [J]. Found Science, 2012 (17)：392.

② "无基础的现象学"即后现象学，旨在强调一种非主体性的相互联系的现象学研究进路。经典现象学将自身定义为可以替代科学的理论：不同于科学以分析现实为目标，现象学致力于描述现实，并声称描述现实是一种更为可信的接近现实的方式。然而，在伊德看来，20 世纪哲学的发展使得经典现象学的声明更成问题：20 世纪的哲学发展所呈现出来的调解性和情境性的图景使得经典现象学必须克服其呈现出的"基础性特征（foundational character）"。对此，伊德研究并吸收了实用主义的观点，认为实用主义对实践的强调，以及对有机体及其环境的相互作用分析，为建立一种非主体性的相互联系的现象学提供了重要的思想资源。受罗蒂《哲学和自然之镜》以及《实用主义的后果》的影响，伊德提出了一种"无基础的（nonfoundational）现象学"研究进路，并称之为"后现象学"。

③ 芦文龙. 技术人工物作为道德行动体：可能性、存在状态及伦理意涵 [J]. 自然辩证法研究，2016, 32 (8)：48.

④ 赵敦华. 现代西方哲学新编 [M]. 北京：北京大学出版社，2010：123.

际上人与技术之间的互动存在着极大的丰富性和创造性。技术调解理论中的"多元稳定性"现象——技术物在不同的使用情境中会呈现出多样化的意向性，恰恰说明人们总是能在对技术物的占用（appropriation）中找到与技术共存的个体化模式，以彰显出个体存在的独特性。

在技术的社会建构论视角中，拉图尔主张以人与技术之间的强对称性揭示两者之间相互交缠的"共同"维度。在行动者网络理论中，拉图尔取消了传统二元论框架中主体与客体、社会与自然等范畴之间的对立与不对称性，以"人"与"非人"的概念来指代社会科学活动中的一切因素，并进一步以"行动体"的概念赋予了非人实体以与人类对称的平等地位。在拉图尔看来，凡是能够通过制造差别而改变事物状态的东西都能称作"行动体"。而对于技术物来说，其调解作用的发挥正说明了技术所具有的巨大能动性：技术调解作用的发挥并非中介性的力量转运，而是包含着技术意向性在内的"转义"，通过转换（transformation）、转译（translation）、扭曲（distortion）和修改（modification）来改变技术使用者的行为状态。在人与非人作为行动体的对称性基础之上，行动体的一系列转义活动构成了网络（network）：转义产生了新的事实和意义，而行动体本身也必须在这种相互关系的网络中获得自己的存在空间。因此，对于拉图尔而言，"实体自身（entity itself）"是没有任何意义的："任何事物，包括人类，都无法独立自存，而是与其他事物相依共存的"[1]。具体到对技术这样的非人行动体的理解中，拉图尔认为，正是由于技术的存在，人类才得以跨越时间和空间而不必被拘束在最邻近的互动中，人和技术共同构成了技术社会中的行动体。换言之，人与技术以"混合行动体（hybrid agent）"的形态共存于其行动所构成的网络之中。

拉图尔通过"对称性"概念来取消人与非人实体之间的二元对立，以此来凸显人与技术之间的联结，固然在一定程度上阐明了人与技术的共在关系，但却显得过于激进，从而忽视了人与技术之间

---

① BRUNO L. Morality and technology: the end of the means [J]. Theory, Culture and Society, 2002 (19): 256.

的差异性。拉图尔的强对称性进路被维贝克比作一种"镜像对称"：技术（非人）作为镜像的主要特征全部来自另一侧的原物体（人），从而造成了人们无法在技术与人之间作出区分。① 实际上，这种无差别的镜像对称是完全没有必要的，放弃人与技术之间二元对立并不意味着要取消两者之间的所有差别。相反，在行动者网络理论的语境中，人与技术之间的共在状态恰恰是因为不同行动者之间的差别而呈现出了朝向无数可能的丰富性和动态性，意义和价值因此而诞生。

综上所述，人与技术的共在状态使得人的在世之在成为了一项技术性的事务（a technological affair），甚至人成了有技术参与的混合性实体。于是，技术伦理学思考的主题，就从"如何过一种好的生活"转变为了"如何过一种与技术共在的好的生活"。对此，将海德格尔的本真性共在状态和人与技术关系的双重维度进行结合，不难发现："共同维度"，即人与技术间动态的、相互交缠的状态构成了人与技术间本真性共在关系的第一重含义，即接纳人与技术的交互状态作为显现自身的方式；而"非共同维度"构成了人与技术间本真性共在状态的第二重含义，即从拒斥技术转变为积极地、创造性地塑造与技术的互动方式，以彰显个体存在的独特性与建构自我的能动性。

二、负责：道德性维度的伦理诉求

伦理的道德性维度是人们在对应然性伦理关系的自觉认识、维护和实践的基础上形成的。鉴于此，在道德性维度上，内在路径的技术伦理诉求主要指向了对人与技术之间的本真性共在状态的实现，是以此为目的对技术伦理实践中的伦理主体提出的道德性要求。具体而言，道德性维度的技术伦理诉求主要包括了两项基本内容：一是对技术伦理实践中的伦理主体的认定，二是对认定的伦理主体应具备的道德品质的明确。

内在路径中所认定的技术伦理主体是包含了技术物在内的混合

---

① PETER-PAUL V. Some misunderstandings about the moral significance of technology［M］// PETER K，PETER-PAUL V. The moral status of technical artefacts. Dordrecht：Springer Netherlands，2014：87.

性行动者。如前所述，随着学界对人与技术共在关系的认识逐步加深，人们开始意识到，规范伦理学所依赖的纯粹独立的"人"实际上并不存在，人与技术的混合体才构成了道德行动者的基本存在形式，两者共同作出道德决策并发出道德行为，共享采取道德行动的能动性。因此，对于伦理主体道德特性的界定，必须摆脱外在路径中对人的纯粹自由意志和能动性的完全依赖，以及对技术物关于伦理实现活动的道德能动性的否定，而应该正视这种混合性伦理主体对相关道德范畴的影响，重新界定人与技术物的伦理潜能以及应该具备的道德品质，以更好地实现人与技术间的应然性伦理关系。

技术伦理主体的混合性特征不仅是对技术物道德能动性的肯定，也使得伦理道德规范与价值呈现出一定程度上的动态性与相对性。在"技术-伦理"的开放性系统中，不仅技术过程是向伦理因素敞开的，而且社会伦理结构也同样向技术因素敞开，传统的道德观念和伦理价值会随着技术上的变革而发生相应的调整与转变。例如，在大数据、智能算法等技术广泛应用的当下，隐私问题得到了前所未遇的重视，但隐私的边界却更加模糊了。对此，学界普遍强调要以一种动态的、情境性的视角看待技术伦理中涉及的价值规范。例如，维贝克认为应该重视伦理价值规范的技术调解情境，避免将其视作外在于技术的、一成不变的道德评判标准；约纳斯围绕"勇敢""慈善"两个德性范畴，阐释了昨天的价值与明天的价值在现代技术的权力作用下所体现出的差异性；而如今伦理道德研究中的文化转向、人类学转向、语言转向等，无一不体现出一种动态的、相对的价值认知视角。

然而，一味强调伦理价值的相对性和动态性很容易导向一种道德虚无主义和相对主义，于实际的技术伦理实践并无益处，因为当下技术实践中的种种失范现象恰恰是因为规范标准的不确定性而导致的。因此，一些学者在关注技术对伦理道德的介入性影响之余，依然试图寻找一种适用于技术时代的普适价值。正如约纳斯所说，"价值本身是不变的：仁慈永远都要比冷酷好，勇敢比懦弱好，我们不能期望它们消失，不能否认其德行的特征。不过，它们有自己的时代"①。又如，尽管维贝克始终强调要将伦理道德放在技术调解的情境中进行考察，但在由技术调解理论所延伸出的道德物化实践路径当中，他依然保留了"民主"作为实现道德物化、消解道德物化的技术统治倾向的无条件的价值规范。对于技术伦理实现的内在路径而言，无论是福柯自我建构伦理学中对自我的关怀，还是约纳斯责任伦理中对一种整体状况的担忧，要想将这种关怀以及担忧转换为实际的行动，都离不开一种"负责"的意识与德行。对责任的划分与承担，是技术伦理实现从理论走向实践的关键所在，因此也构成了内在路径对技术伦理主体的道德性要求。换句话说，作为技术时代的普适德性，"负责"不仅是人类行动者重建和彰显其伦理主体性的方式，而且同样蕴含于技术行动者的道德潜能之中，构成了行动者道德身份得以确立的依据。

根据责任产生的方式不同，在技术实践当中存在着两种责任类型：因果责任与道德责任。因果责任诞生于事态之间的因果联系，即如果一个人的行为成为某种事态产生的原因，那么他就应当对其行为的结果承担因果层面的责任；而道德责任只有在一个人蓄意且自主地发出某一行为时才会产生。一般而言，因果责任与道德责任之间存在着明确的界线，尤其是在法律与道德领域进行责任界定时，会更加关注行为的意图及行为者的自主性。然而，非人行动者的加入实际上沟通了因果责任与道德责任之间的关系：技术对人们行为的调解作用的发挥是一种因果层面的作用，但它对人们认知的调解又深入到了行动者的意向层面，使得道德责任认定中所依据的完全的人类意向性和自主性不再成立。由此，道德责任的承担面向的同样是人与技术共同构成的混合行动者，而责任的划分则需要在人与技术物之间进行。

人类与技术物以各自的方式共同承担起相应的道德责任，将"负责"的德性从潜能转变为现实，这一过程恰恰也是人与技术间本真性共在关系的实现过程。对于技术物而言，其对应的责任在于以合理的方式对人的认知和行为进行调解，以尽可能地确保调解的结

① 汉斯·约纳斯. 技术、医学与伦理学：责任原理的实践 [M]. 张荣，译. 上海：上海译文出版社，2008：42.

果符合预期。其中，"合理"一方面指在技术调解情境中应该尊重个体使用者的意愿与偏好，保留个体在其中发挥自我独特性和创造性的空间，以避免个体消失于由技术调解的规训性权力所造成的"群体"中，沦为集体的、匿名的"常人"；另一方面指通过安全、透明、可解释、可问责等更为具体的技术特性来获取人类的信任，以确保人与技术良好交互关系的维持与展开。当然，由于技术调解作用在很大程度上来自技术物的物理结构与脚本设计，因此其负责的方式更多的是被动的承担，是基于设计者的授权与既定角色功能的发挥。与技术物的"负责"相比，人类行动者在道德责任的识别与承担中具有更大的主动性：人们可以在伴随技术发展的过程中自觉地调整自身与技术的关系模式，并在这种关系中主动承担起对自身、对他者甚至对整个生态圈的责任，进而在人与技术的互动中实现伦理主体的自我构建。

第三节　技术伦理实现内在路径的主体构成

一、　伦理主体的界定思路与标准

随着对技术物伦理意蕴的挖掘逐步加深，以及现代技术对人的高度趋近与介入，人与技术之间的界线在理论与实践双重维度上都日益模糊，使得伦理实践中的行动者更多地以"人-技"混合形态出现。对此，学界逐渐抛弃了人类中心主义和技术工具主义的观点，开始将技术物纳入伦理主体的范畴当中，重新反思现代伦理主体的界定标准，以期能正确认识人与技术物在实际伦理活动中的地位与角色。在当下关于伦理主体的界定标准的探讨中，主要可以分为两类思考范式：一类是从实体论进路出发，认为人或技术的伦理地位必然依赖于某种实体的属性；一类是从关系论进路出发，认为人或技术的道德意义"既不存在于客体之中，也不存在于主体之中，而是存在于两者的关系之中"①。

---

① MARK C. Robot rights? towards a social-relational justification of moral consideration [J]. Ethics and Information Technology, 2010, 12 (3): 214.

一般而言，实体论进路的伦理主体论证方式可以用亚里士多德的三段论表述：

大前提：任何拥有道德属性 P 的实体都拥有伦理地位 S；

小前提：实体 X 拥有道德属性 P；

结论：实体 X 拥有伦理地位 S。

这一论证方式普遍存在于古典伦理学以及非人类中心主义的技术伦理研究当中。对于人类的伦理主体性，无论是美德论、道义论还是功利主义，都认为是人类与生俱来的属性决定了人们的伦理主体地位。而在非人类中心主义的技术伦理研究中，对于技术物的道德主体性的判定同样与一些先在的实体属性相关。例如，卢西亚诺·弗洛里迪（Luciano Floridi）通过运用适度抽象方法（levels of abstraction，LoA）将技术物的道德地位与一系列实体属性关联起来，这些属性包括能够通过更新自身状态而对环境刺激作出反应的互动性（interactivity）、根据自身转换规则以自控制的方式进行独立于环境刺激的状态转变的自主性（autonomy），以及根据环境而改变自身转换规则的适应性（adaptability）。① 与此类似，约翰·萨林斯（John Sullins）认为技术物在满足自主性、意向性和责任等条件的情况下可以被视为道德能动体。② 其中，自主性是指技术物的行为不直接地受到其他行动者的支配；意向性表示技术物的行为选择是经过考量与计算的；而当某一技术物的行为"只能被理解为对其他道德实体所履行的责任才有意义时"③，技术物就具有了责任维度。

伦理主体界定的实体论进路经过长期的发展，逐渐暴露出了理论与实践的双重困境：在理论层面，人们既无法先验地确证究竟是实体的哪些属性与其伦理主体的地位直接相关，也无法确认某一实体究竟是否真的具有与伦理相关的客观属性，因为这些属性都是在人与技术的具体互动中表现出来的，也并不单独地属于人或技术中的任何一方，从而使得实体论论证方式中的大前提和小前提都无法

① LUCIANO F. Artificial agents and their moral nature ［M］// PETER K, PETER-PAUL V. The moral status of technical artefacts. Dordrecht：Springer Netherlands，2014：185–212.

② JOHN S. When is a robot a moral agent？［J］. International Review of Information Ethics，2006，6（6）：23–30.

③ 段伟文. 机器人伦理的进路及其内涵 ［J］. 社会与科学，2015，5（2）：44.

成立；在实践层面，通过实在论进路所确认的技术的伦理角色与特征，总是与人们在实际经验中对其的感受与互动模式有所出入，从而存在着理性与经验、思考与行动、认知与感觉之间的巨大鸿沟。例如，当理性认知告诉人们应该将自身作为具有高度自主性的伦理主体时，人们却常常在道德实践中由于缺乏自制力而感到"力不从心"；而当传统的道德标准告诉人们技术的工具性存在时，人们却在实际的与技术——如机器宠物的互动中，赋予了它们以"同伴"的情感和伦理角色。对此，在当前关于技术伦理主体的分析中逐渐出现了一种关系论的研究进路，即不再执着于探究实体的属性，而是"将关注点转到认识'世界'是如何的，道德关系是如何的"①，通过分析实体之间的关系来确认实体的伦理身份和道德地位。

在关系论进路的研究中，具有开创性意义的代表人物是拉图尔，他的行动者网络理论在本体论层面打破了人与技术物的二元对立，并为探讨人与非人行动者的伦理角色提供了可供追溯的关系性框架。在行动者网络理论的语境下，道德事实与伦理意义存在于行动者通过制造差别而构成的网络中，而道德行动者则在这种相互联系的网络中得以确认自身的地位。因此，对行动者伦理身份的界定也必须在这种相互关系中进行。对拉图尔而言，人与技术物的伦理互动主要体现在"授权（delegation）"与"规定（prescription）"的相互关系之中：人可以通过"授权"将特定的道德规范和伦理价值写入技术物的"脚本"当中，使获得授权的技术物能够"规定"人类的行为。② 此外，马克·科里考伯格（Mark Coeckelbergh）以机器人技术为例，从认识论的角度探讨了当代伦理主体及道德意义的确认问题。在他看来，人们所能把握的机器人的属性和特征，仅仅是人们在具体的人–机器人的互动中所能经验到的有关机器人的特征，属于机器人的表观特征（apparent features），而这些表观特征足以为人们

---

① 吕雪梅. 以关系的方式探索"机器人"的道德地位：兼论道德思维范式的转变 [J]. 内蒙古大学学报（哲学社会科学版），2014（5）：33.

② BRUNO L. Where are the missing masses? The sociology of a few mundane artifacts [M] // WIEBE B, JOHN L. Shaping technology/building society：studies in sociotechnical change. Cambridge：MIT Press, 1992：225-259.

判断机器人的伦理角色和道德意义提供依据。①

从以上关系论进路的研究范式可以看出，人与技术物的关系，以及人与技术物在具体关系中呈现出的表观特征构成了人们判断行动者伦理角色的关键。实际上，关系论进路并非对实体论进路的绝对颠覆，而是将实体所"具有"的属性置于一种关系性的框架中进行一种生成式的理解，即作为判定依据的某种属性并非先天包含于实体当中的，而是在互动中生成或表现出来的特征。沿着这一思路，技术调解理论为人们分析人与技术物之间的互动关系提供了基本的概念框架。在这一框架勾勒出的人与技术物的不同互动模式中，两者呈现出来的与伦理相关的表观特征可以概括为两点：自主性和伦理意向性。自主性是行动体自主选择行动的能力，是其进行道德推理、判断与行动的前提基础。在传统伦理中，自主性（autonomy）通常表现为不受任何外界干扰的孤立的自由。然而，在技术调解的语境下，人与技术物永远无法逃离彼此的相互影响，而自主性也并非由人和技术物中的任何一方绝对地、唯一地、排他地拥有，而是"人-技混合体"的共有属性，体现在人与技术物共同参与的认识和改造世界的实践过程中。作为构成道德行动的另一项必要条件，伦理意向性同样是在人与技术的相互关系中产生的。维贝克认为，意向性的概念包含着双重含义："意向性最初表现形成意向的能力；在现象学的进路中，意向性主要指存在者对现实的指向性。"② 而这两种伦理意向性都是由"人-技混合体"所共享的：技术物通过调解作用参与到人们的道德认知与行动当中，从而构成了人对特定道德观念的指向性，以及对特定行动路径或行为方式的选择。

综上，根据自主性和伦理意向性两条标准，可以大致将内在路径中的伦理主体分为操作型道德能动体、功能型道德能动体、伦理型道德能动体三个层次，且不同伦理主体层次之间并无明确界线。鉴于目前技术发展的程度及人-技互动的主要方式，人与技术物的道

---

① MARK C. The moral standing of machines：towards a relational and non-Cartesian moral hermeneutics [J]. Philosophy & Technology, 2014, 27（1）：61-77.

② PETER-PAUL V. Moralizing technology：understanding and designing the morality of things ［M］. Chicago：The University of Chicago Press, 2011：55.

德角色分布于伦理主体从低到高发展的不同层次中。

二、 伦理主体的类型及其道德特性

（一） 面向平凡技术物的操作型道德能动体

操作型道德能动体是指那些自主性较低、无法进行自主道德认知和判断，而只能遵循明确道德原则进行活动的道德能动体，主要面向的是人们日常生活中的平凡技术物。根据技术物的"结构-功能"二重性，技术物在产生之初就被设计者以"技术-社会"系统为潜在语境赋予了特定的结构与功能，而具有特定结构和功能的技术物所发挥的调解作用则是在实际的与使用者的互动关系中呈现的。因此，对于这些技术物而言，其道德特性在很大程度上取决于设计者与使用者在技术实践活动中的伦理意向。

技术物作为操作型道德能动体的可能性首先来自技术设计者基于伦理、价值等因素的考量对技术物的物理结构、功能所进行的设计。在当前的工程设计活动中，工程师和设计者们已经越来越多地认识到设计活动所蕴含的伦理意义和价值敏感性，如"将公众的安全、健康、福祉放在至高无上的地位"已经被作为公认的价值理念，写入了美国职业工程师协会的道德准则当中。由此，技术物不再是简单的"功用性"人造物，而成为了人们生活意向、伦理观念、价值追求的现实表达。例如，公共空间中的无障碍盲道设计充分体现了现代社会的人文关怀。在无障碍盲道的设计中，盲道砖的选择、盲道的布置形式等会直接影响到指示信息的明确性、清晰性和先导性。我国现行的盲道砖有两种：一种是指引视觉障碍者行进方向的盲道砖，呈长条状凸出纹路；另一种是提示前方道路具有障碍、拐弯或路口等信息的提示性盲道砖，呈圆点形凸出纹路。通过这两种类型的盲道砖组合，可以为视觉障碍者的出行提供相对安全和畅通的道路设施。此外，设计者对于盲道砖的生产材料也会有特别的考量，通常会采取具有耐磨、防滑、弹性、吸音、阻燃、易清洁等特点的生产材料，以确保无障碍盲道能够更安全、更有效、更稳定地发挥其引导功能。① 总而言之，对于无障碍盲道这一技术物而言，其

---

① 汪托，黎明，席晓波. 无障碍盲道优化设计研究 [J]. 市政技术，2017（4）：38-40.

物理材料、样式设计以及结构安排等物质性因素结合起来，共同构成了一个渗透着对弱势群体的人文关怀的操作型道德能动体。

平凡技术物所具有的操作型道德，不仅在于其按照设计者的"授权"进行具有特定道德功能的运作，还取决于使用者的伦理意向及其对技术物"脚本"的解读与转译。行人对于无障碍盲道的维护、消费者对于环保型产品的选择、驾驶者在经过减速路障时的减速行为等，都是对技术物所蕴含的既定伦理意向的实现。具体而言，技术物可以通过对使用者知觉及行为的调解作用，引导使用者产生或发出符合特定伦理价值的行为，从而实现其作为操作型道德能动体的道德效用。然而，在一些使用情境中，使用者与技术物之间的互动模式往往会偏离或超出设计者的设想，使得技术物呈现出预料之外的伦理意向。例如，在 LED 节能灯的设计与开发中，尽管技术物本身包含着提高能源利用率、降低能源消耗的环保意向，但却由于使用成本的降低刺激了使用者在基本生活需求以外的其他使用行为，如装饰性照明的增多等，反而加剧了能源消耗与供电紧张，也造成了光污染等技术开发者预料之外的负效应。因此，技术物伦理意向性的实现与使用者的使用活动密切相关：它不仅需要使用者能够读懂技术物所蕴含的伦理意向，还需要使用者对技术物施以合理适当的运用。

综上所述，对于日常生活中的平凡技术物而言，其道德特性是技术物自身的物理性质与结构、所处的客观与社会文化环境，以及使用者的使用方式等因素相互交织的产物，有时也会以超出设计者与使用者预料的道德调解形式表现出来。[①] 因此，平凡技术物的自主程度尽管较低却也不容忽视，这意味着人们在进行技术物的道德化设计和使用时，应该尽可能地提高对技术物意向预测与解读的全面性和准确性，确保其能够在预期的范围内发挥出操作性的道德潜能。从这一点也可以看出，面向平凡技术物的操作型道德能动体主要是在以遵守准则为核心的道德范畴内实现其伦理角色的。在福柯对伦理主体构建的谱系学研究中，基督教时期的主体化模式是以规范性

---

① 芦文龙. 技术人工物作为道德行动体：可能性、存在状态及伦理意涵 [J]. 自然辩证法研究,
2016, 32（8）：45-50.

的道德准则为核心的，个体因其对道德准则的服从而成为道德主体。而对于平凡技术物而言，其伦理身份的获得也恰恰是基于对设计者所设置的伦理意向和价值准则的遵从与执行。此外，尽管这种操作型的道德能动体并不包含对自身责任的识别与判断，但却可以通过对特定道德调解功能的顺利发挥来承担相应的责任，以完成其道德特性从潜能向现实的转变。换句话说，对于操作型道德能动体的理解、评估与构建，着眼点应放于技术物对内嵌于其中的伦理准则的遵从上，换言之，就是确保伦理意向从设计情境到使用情境的顺利"转译"与如期"实现"，尽可能避免产生预料之外的伦理后果。

（二）面向人工智能体的功能型道德能动体

从操作型道德能动体到功能型道德能动体的发展，是伴随着技术日益增强的自主性和伦理意向性的交互作用而进行的。与操作型道德能动体相比，功能型道德能动体的道德特性的核心特征在于其自主性的提高，具体表现为面对道德困境时能够进行相对独立的道德认知和判断，进而主动采取有效反应的能力，它面向的技术类型主要是人工智能体。

在实践维度上，伦理问题产生于个体间的价值冲突，而且这种冲突通常是由个体不同的价值偏好等级所导致的，无法以一个完全中立的、独立于任何观点的方式得以解决。对于一个成熟的道德能动体而言，其首要标志在于能够识别这种价值冲突。"不论是通过进化、发展还是社会得来的，认知能力的成熟会使得个体之间目标的冲突被逐渐意识到，同时也使得个体对其自身内部目标之间的矛盾更加敏感。"① 也正是从这个角度，通常会把未成年人、智力发育不全者、植物人等人类生命体排除在道德能动体的范畴之外，因为他们缺乏道德认知的能力，更无法在道德困境中作出判断和选择。然而，得益于人工智能技术的发展，一部分技术具备了一定程度的道德认知与判断能力，从而实现了从操作型道德能动体向功能型道德能动体的转化。

人工智能技术，从本质上来说，是研究和开发用于模拟、延伸

---

① WENDELL W, COLIN A. Moral machines：teaching robots right from wrong [M]. New York：Oxford University Press, 2009：61.

和扩展人类的认知、推理、判断及选择等能力的应用系统的一门新兴技术科学，涵盖了智能搜索、信息（符号、语言、图像等）识别、神经网络模拟、逻辑推理、复杂系统等诸多领域。作为计算机科学的一门分支，人工智能技术的核心是相信人脑的任何智能都可以通过编程在电脑程序中实现，并能够与其他技术系统结合起来，赋予技术物以"思维"的能力，其中就包括了道德认知与判断的思维过程。对于综合模拟人类认知的高阶计算程序来说，道德决定的作出是可论证且可被运用到人工智能领域的其他计算模型当中的，其核心原理在于建立一个开放的系统，用以搜集信息、预测行动后果，并通过自定义响应程序去应对道德困境。"这样的系统甚至有潜能超出其程序员的预料，以明显新颖或创造性的方式应对伦理挑战。"①

美国加利福尼亚大学的斯坦·富兰克林（Stan Franklin）提出的学习型智能配给能动体（learning intelligent distribution agent，LIDA）认知系统就具备了相对独立的道德认知和判断的能力。② LIDA 系统主要关注人工智能是如何在不同来源、不同类型的信息环境中进行知觉和行为选择的。在 LIDA 系统中，"道德决策和其他任何一种行动选择都是类似的。从行动选择的角度来看，一个类人的人工道德能动体并不需要有专门的道德推理过程，而仅仅需要一些常规的审慎机制的集合，把它们作为应对道德挑战的相关信息输入"③。就其工作原理而言，LIDA 系统建立在伯纳德·巴尔斯（Bernard Baars）的全局工作空间理论（global workspace theory，GWT）④ 基础上，将 GWT 所描述的复杂高级别的知觉过程分解为低级别机制，并通过对这些低级别机制进行大规模并行处理来作为 LIDA 中的一个知觉循环，实现对环境和内在状态的持续不断的感知、信息处理以及回应

---

① WENDELL W, COLIN A. Moral machines: teaching robots right from wrong [M]. New York: Oxford University Press, 2009: 16.

② STAN F, BERNARD B, UMA R, et al. The role of consciousness in memory [J]. Brains, Minds and Media, 2005 (1): 1-38.

③ WENDELL W, COLIN A. Moral machines: teaching robots right from wrong [M]. New York: Oxford University Press, 2009: 173.

④ 全局工作空间理论主要研究在不同的信息群中，某个信息群是如何在竞争中脱颖而出、成功获得关注的。"获得关注"意味着该信息群掌控了意识，能够在大脑中获得进一步传播，并成为智能体行动选择的依据。

选择。就 LIDA 系统的运作机制而言，它"采用神经网络与符号规则混合计算方法，通过在每个软件主体建立内部认知模型来实现诸多方面的意识认知能力"①。与此同时，LIDA 系统还包括了一个类似于"计时员"的子代码模块，以确保系统运作的决策过程不会在提议和反对之间进行无休止的重复。鉴于此，基于 LIDA 系统的操作型道德能动体既可以通过收集感性数据来模拟自下而上的价值生成过程，又可以通过对涉及规则的知觉结构的激发与强化来实现自上而下的道德慎思过程，同时确保了道德决策过程的时效性——在有限时间内进行行动选择时，尽可能多地纳入伦理因素的运算与考量。

从技术发展的角度来看，功能型道德能动体的自主性会随着人工智能技术的进步而不断提高，从而具备越来越强的独立进行道德认知和判断的能力，但其伦理意向性依然要放在人与技术的相互关系中进行考察。

首先，尽管功能型道德能动体在运行过程中，表现出了"能够根据现实环境进行自我反馈运作，而在一定范围内不受外部控制"②的自主性，但其之所以能进行道德认知与判断，归根结底是基于程序员在设计阶段事先设定并植入的计算程序与算法，因而保留了一定程度的"操作型道德"的特征。例如，基于计算机、网络、手机等的交互式信息产品的"劝导技术（persuasive technology）"，可以根据程序员预先设定的程序收集大量数据信息，进而通过信息处理和判断采取因果关联、社会学习、明确建议、适时引导、虚拟奖励、个性化定制等相应的"劝导"方式，使用户行为能够尽可能地朝向程序员预期的方向发展。在此，劝导技术的运作方式和目的导向更多的是基于对程序员伦理意向的执行。

其次，从使用情境的角度分析，用户与人工智能体的互动模式赋予了功能型道德能动体以更加丰富的道德伦理色彩。例如，在健康护理领域的助理机器人能够从医疗助理的角度为病人提供基础信息采集、分发药品、行动辅助等服务。它们所扮演的伦理角色不能

---

① 周昌乐. 机器意识能走多远：未来的人工智能哲学 [J]. 人民论坛·学术前沿, 2016 (13)：83.

② 王东浩. 基于技术和伦理角度的机器人的发展趋势 [J]. 衡水学院学报, 2013, 15 (5)：57.

简单地从操作型道德能动体的层面来理解，因为在助理机器人与病人的互动中，恰恰是前者处于更为主动、更为积极的状态，如对病人的关注与护理等。与此同时，助理机器人通常会被赋予一些类人的特征，如具有类似于人类头部的设置，上面安装有摄像头和声音识别与发声装置，能够满足病人一定程度上的交流与互动需求。这些特征与功能使得病人在与助理机器人的互动中，更容易将自身的情感投射到机器人上，赋予其"医疗助理"之外的更为丰富的伦理角色，如"体贴的同伴""笨拙的护工"等。又如前文所提到的劝导技术案例：在劝导技术与用户的具体互动中，其运作方式是否违反了"知情同意"原则、嵌入其中的目的导向是否违背了基本的社会价值理念，都是人们判断和评估劝导技术作为功能型道德能动体的"道德品质"的重要依据。总而言之，在关系性进路的研究范式中，这些情感投射和具体的人机互动模式都会影响到人们对功能型道德能动体的具体伦理角色的判断。

通过以上分析可以看出，人工智能体所具有的功能型道德是一种介于福柯所界定的主体建构性伦理与准则性道德之间的道德形式。鉴于人工智能体所具备的较高程度的自主性，功能型道德能动体并不像操作型道德能动体那样通过被动地遵守道德准则来实现自身的伦理角色，而是可以凭借自主学习能力去识别自身的伦理责任，并能够在不受其他行动者直接控制的情况下采取相关反应、作出行为选择、承担道德责任。从这一角度出发，完善面向功能型道德能动体的相关伦理范畴、提出可供习得的伦理要求、明确自主决策的伦理底线，对于功能型道德能动体的道德潜能实现而言，是十分必要且有意义的。著名的阿西莫夫"机器人三法则"①，以及在此基础上

---

① 著名科幻作家阿西莫夫于《我，机器人》一书中最早提出了"机器人三法则"。第一法则：机器人不能伤害人类，或对人类遭受的伤害坐视不理；第二法则：在不违背第一法则的情况下，机器人必须服从人类的命令；第三法则：在不违背第一、第二法则的情况下，机器人有自我保存的义务。

延伸出的人机互动视角下的机器人的"三大替代性法则"① 等，都是基于人工智能体所拥有的某种功能性的自主决策能力而提出的以功能型道德能动体为核心的伦理原则。而深究这些法则的核心，不难发现，都是在考虑到人与智能机器深度交互的背景下要求智能机器做到"以人为本"。这在当前的人工智能伦理实践领域表现为"人工智能对齐（AI alignment）"② 这一 AI 控制议题，它要求人工智能系统设定的目标与人类价值观保持一致，并确保其在复杂和动态的环境变化中始终维护人类的利益。

（三）面向人类行动者的伦理型道德能动体

与前两类面向技术的人工道德能动体相比，伦理型道德能动体面向的是具有成熟认知与思维能力的人类行动者，这意味着其能够在道德伦理实践中发挥出更高的积极性与主动性。结合福柯关于伦理主体建构的探讨以及约纳斯关于技术时代的责任伦理分析，伦理型道德能动体在自主性维度上表现为一种"主动与外在影响因素建立起联系的能力"③，而其伦理意向则更多地体现为人类行动者在与技术物的相互关系中对非对称性责任的自觉识别与主动承担，两者共同构成了作为伦理型道德能动体的人类的道德特性。

根据前文对人工道德能动体的自主性维度的分析，技术物所拥有的自由要么体现在可能产生的难以预料的调解作用当中，要么表现为可以不受其他行动者的直接控制而作出道德判断和选择，但这些都只是自主性范畴的一小部分，属于一种消极的自由。对于伦理型道德主体的构建而言，这种消极的自由是不切实际的，因为人类无法生活在一个完全不受干扰的真空环境中，人类行动者不仅生而

---

① 墨菲和伍兹从人机互动的视角对"机器人三法则"进行了修改，提出了三大替代性法则。第一替代性法则：只有当人-机器人工作系统的安全性与伦理性达到法律与专业层面的最高标准时，机器人才能得到应用；第二替代性法则：机器人必须根据人的角色对其作出适当回应；第三替代性法则：机器人必须确保拥有充分的自主权以保护自身存在，只要这种保护足以确保将控制权顺利传递给符合第一和第二替代性法则的其他能动体。引自 ROBIN M, DAVID W. Beyond Asimov: the three laws of responsible robotics [J]. IEEE Intelligent Systems, 2009, 24 (4): 14-20.

② IASON G. Artificial intelligence, values, and alignment [J]. Minds and Machines, 2020 (30): 411-437.

③ PETER-PAUL V. Moralizing technology: understanding and designing the morality of things [M]. Chicago: The University of Chicago Press, 2011: 60.

受到文化、制度、教育等社会因素的影响与建构，同时还时刻承受着来自技术物所构成的物质环境的规训与调解。然而，在福柯看来，即使是面对与生俱来的欲望以及无处不在的规训权力，人类依然保有一种通过自我技术将自身构建为伦理主体的能力，这就是人类成为伦理主体的自由之所在。在此，自由并不体现为一种排除了外在因素影响的独立状态，而是通过与外部因素建立联系而实现自我控制的实践能力。换句话说，人类行动者所拥有的自由是一种实现自我控制的能力，是一种积极的自由。因此，伦理型道德能动体的自主性维度构建的关键并非否认或排除外部权力的存在，而在于掌握和具备积极应对这些权力的态度和技能，只有这样才能进行自我控制，使自己避免沦为激情、欲望或技术调解的奴隶，进而建构起具有强烈伦理色彩的主体性。

除了"能够进行自我控制"的积极自由，伦理型道德能动体所拥有的自主性还表现为一种选择的自由，即个体"与自身建立联系，并能够自主发展自身的倾向、需求及爱好"[①] 的能力，它所朝向的是个体存在方式的多样性与丰富性。对于伦理型道德能动体而言，主体既不是固定不变的既定实体，也不是用万能模板铸造的统一实体，这两种主体于"伦理"的概念而言过于消极，它们意味着要将自我朝向同一个目标进行转化，恰如工业化流水线上诞生的技术物一样——人工道德能动体在未进入使用情境之前所呈现出的就是这种固定的、统一的实体形态。然而，人类行动者却能够通过对自身倾向和爱好的坚持与创造性发挥，在与技术的互动中保持个体的独特性，甚至赋予技术物以独特的个人风格和丰富的伦理意蕴，从而造就一种具有强烈个体色彩与生存美学的伦理主体。

在伦理意向性这一维度上，人类行动者的伦理意向主要体现为对道德责任，尤其是非对称性责任的主动识别与承担。这种非对称性责任不仅来自人类行动者对生态环境及未来人类的关护，而且也是人类对非人行动者——技术所产生的责任的承担。因此，这种伦理意向同样需要放在人与技术的相互关系中理解。

---

① PETER-PAUL V. Moralizing technology：understanding and designing the morality of things［M］. Chicago：The University of Chicago Press，2011：59.

　　首先，在设计情境中，工程师群体的伦理意向性充分体现在其伦理意识的觉醒以及对责任承担方式的探索上。工程师及设计者们的责任范围不断扩展，他们不仅自觉地将公众的安全、健康和福祉列入了自身职业伦理的首位，还开始关注技术本身，关注它们可能对人类生活、社会文化的调解作用以及对生态环境造成的影响。与此同时，在恪守职业伦理规范之余，设计活动及工程活动本身也开始逐渐成为工程师群体承担道德责任的方式。"如果说伦理学的主要问题是'人该如何行动'的话，设计者则协助塑造了技术物行为调解的方式，那么设计就应该被看作一种以物质的方式从事的伦理活动。"① 这一点不仅是技术伦理学家出于对技术的伦理意蕴的挖掘所达成的共识，而且也开始逐渐被技术工作者所接受，成为其职业伦理意识的一部分。从这一认知出发，工程师和设计者群体承担非对称性责任的方式可以分为两个层面：一种是在较为保守的层面进行的隐性调解评估，即对技术调解作用进行预测和评估，根据评估结果调整设计方案，尽量避免不合理的技术调解，从而实现对公众、对社会甚至对其他物种和整个生态圈的责任；另一种则是在更为激进的层面上进行显性调解设计，即直接设计具有特定调解作用的技术物，使某种具体的道德规范或价值倾向成为技术物功能的一部分，从而将技术物塑造为具有特定伦理价值导向的道德能动体。

　　其次，对于技术使用者来说，其伦理责任主要着眼于自身主体性的构建以及对他者、对世界、对使用对象——技术物的关护。与技术工作者相比，使用者在伦理主体的构建中面临着更大的阻碍：一方面，技术调解作用的发挥在很多情况下都是以隐性的、微观的方式进行的，它们通常在不知不觉中就对使用者的知觉经验、行为选择等产生了影响，从而导致使用者更容易在与技术物的互动中沦为盲目的行动者（blind doer），丧失审慎、批判的能力；另一方面，受自身知识结构所限，使用者对技术物的了解及操作大多是基于对使用说明书的解读与遵从，使用者与技术物的互动模式因技术脚本的标准化和程式化而趋于一致，不利于个体创造性、多样性的发挥。

---

① PETER-PAUL V. Moralizing technology: understanding and designing the morality of things [M]. Chicago: The University of Chicago Press, 2011: 91.

以上诸多因素决定了使用者需要投入更多的"自我关注"，以避免将自己完全交付给技术、沦为技术的奴隶。对此，技术使用者不仅要具备"使用的技艺（techniques of use）"，即以审慎的态度去适应技术影响，同时通过对技术物的不断摆弄，尽可能地挖掘与技术物的多种互动形式，以充分发挥个体与技术共在的多样性，还要对与技术打交道的"目的"进行反思，即我想要成为何种受调解的存在？通过对这一问题的反思，使用者会更自觉地调整自己与技术打交道的方式，并从与技术共在的多样性中找到符合自身独特性的美学风格与存在方式。除了在技术使用过程中保持审慎、自觉的态度，使用者对非对称性责任的承担还体现在其对于技术设计过程与评估过程的积极参与中。这两类技术实践最初都是在技术专家及其他专业人士内部开展的，但随着技术民主化诉求的增加及技术责任问题的凸显，使用者在技术发展中的作用逐渐得到重视：使用者的参与不仅有助于提升技术评估与设计的有效性，降低技术负效应的出现概率，同时也有助于培养使用者的技术素养和伦理意识，锻炼和发挥其在技术时代承担责任的能力。

第四章

伦理道德的技术调解机制

当人们以技术为伦理实现的主体，技术伦理实现的互嵌机制之一便体现为伦理道德的技术调解机制。它既构成了技术对伦理实践的介入与参与，同时又是技术作为人工道德能动体的潜能实现过程。根据道德的不同层次，技术对伦理道德的调解机制可分为个体道德、群体道德以及社会道德三个层面。在个体道德层面，技术能够凭借其认知与行为调解机制参与个体进行道德认知、作出道德决策及实施道德行为的全过程。在群体道德层面，技术既可以凭借其对个体道德的调解机制来影响群体道德，又可以直接作用于群体道德的特殊性，通过对群体道德共识和群体道德行动的参与来影响群体道德的实现。在社会道德层面，技术的调解机制体现在对社会道德观念及社会道德实践的参与中：技术不仅可以潜移默化地对社会道德观念的变迁发挥决定性调解作用，又能够通过关键性技术突破挑战传统伦理秩序，直接引发社会道德观念的"突变"；而技术对社会道德实践的调解，则在于通过扩大人类实践范围而提出"应当"问题，以及丰富人类选择以解决"如何"问题。

第一节　个体道德的技术调解机制

以伦理潜能实现为核心的个体道德是一个复杂的实践过程，其行动机制包含了知、情、意多种因素的参与，体现为个体进行道德认知、作出道德决策并最终实施道德行为的诸多环节。而一些技术凭借其认知和行为调解作用，参与到了个体道德实现的全过程当中，同时也彰显了这类技术作为人工道德能动体的道德潜能。

一、 对个体道德认知的调解

技术可以通过作用于人们认知活动的呈现式调解，参与并影响个体的道德认知。一方面，技术能够通过呈现式调解提供给人们关于现实世界的可供解读的信息，使现实成为被技术呈现在人们眼前的现实，而道德判断恰恰是人们基于对现实事件的认知而进行的。例如，由于超声波技术在产科检查中的应用，它能够以特定的成像方式将胎儿的某方面特征呈现出来，从而塑造并丰富了准父母对胎儿的感知与理解。从解释学的角度来看，当超声波技术聚焦于胎儿的某些先天性疾病检测时，其所提供的信息会将胎儿构建为一个潜在的"病体"，而胎儿的父母将不得不面对这些信息并作出进一步判断：是继续将胎儿视为一个生命体，还是将其作为威胁母体健康的病灶。与此同时，当超声波技术调整其检测的关注点，以可视化影像的方式将胎儿的形象呈现于准父母面前时，这种更直观的图像信息将会加强准父母对胎儿的情感联系，促使准父母将胎儿感知为一个活生生的生命，而非一个可以轻易割舍的"附着物"。显然，在这一案例中，由超声波技术带来的胎儿的呈现方式与父母的认知结果，将会进一步影响到准父母关于产前保护或是否堕胎等道德事件的判断与决策。另一方面，在呈现式调解中，技术还能通过其放大-缩小机制使人们的关注点聚焦于现实事件的特定方面，形成关于某一现实事件特定方面的倾向性认知。例如，在一些帮助人们进行"健康饮食"的手机应用程序中，其所提供的食物信息会把"热量"这一因素放在突出的位置，同时淡化食物所具有的其他营养价值。毫无疑问，这种信息的非中立性呈现会使人们不自觉地将"热量"作为健康的饮食方式的首要衡量标准，进而形成"健康饮食就等于低热量"的认知。同样是在产科超声波技术的案例中，是否将胎儿的性别信息列入检测及呈现内容会潜在地引导准父母对胎儿的认知。尤其是对于那些受重男轻女思想影响严重的准父母来说，这种对胎儿性别的清晰认知会超过甚至遮蔽他们对胎儿其他属性及特征的关注，进一步影响到他们关于是否堕胎这一道德事件的决策。

二、 对个体道德决策的调解

道德决策是人们在对道德事件认知的基础上，形成的具有特定取舍和倾向的决定性结论。技术可以通过影响个体道德决策过程中的理性、情感、情绪等因素，以及调整各因素发挥作用的比重，实现对个体的道德决策的调解。

传统伦理学倾向于将伦理主体界定为理性人，强调基于理性能力的道德推理在道德决策中发挥主导作用。然而，理性人的假设显然并不符合日常经验，人们并不总是遵循理性的引导进行决策。近年来越来越多的心理科学和脑科学研究也表明，非理性因素同样在个体的道德决策过程中发挥着重要作用，如人格因素、性别因素、心理因素，等等。现代脑科学研究通过事件相关电位（event-related potential，ERP）、功能性核磁共振成像（functional magnetic resonance imaging，FMRI）等多种方法，具体分析了情感因素在人们的道德决策中的作用，大致可归结为两点：第一，情感因素构成了道德决策中的促动因素，使得个体面临道德决策中的诸多可能性时呈现出一定的倾向性；第二，"情感等非理性因素会影响主体理性的推理和审度能力"①，从而影响个体的道德决策。

随着新兴研究范式和认知神经科学的发展，目前学界对有情感等非理性因素参与的道德决策形成了以下几种理论模型：其一为理性推理模型，即认为个体道德决策的作出是人们理性思考和权衡的结果，"认知系统对道德判断中的信息进行表征和加工，同时对产生的情绪反应进行调控"②；其二为社会直觉模型，即认为个体的道德决策是在一个由情绪促动的快速、自动且无意识的直觉过程中作出的，理性的推理仅仅在道德决策作出之后起到补充说明的作用③；其三为双加工模型，即认为个体道德决策的过程涉及认知推理与情绪促动两种系统，这两种系统之间存在着一种竞争关系，个体道德决

---

① 毛新志. 脑成像技术对道德责任判定的挑战 [J]. 中国医学伦理学，2011，24（2）：138.

② 钟毅平，占有龙，李琰，等. 道德决策的机制及干预研究：自我相关性与风险水平的作用 [J]. 心理科学进展，2017，25（7）：1094.

③ HIADT J. The emotional dog and its rational tail: a social intuitionist approach to moral judgment [J]. Psychological Review, 2001, 108: 814-834.

策的作出是基于不同道德情境中优势系统的判断①；其四为事件-特征-情感复杂模型，即认为"影响道德决策的道德情绪是基本情绪与社会价值观、规范相互作用的产物，情绪对道德决策的影响程度取决于情绪的卷入程度"②。随着研究的深入和精细化，情绪对道德决策的特异性影响也得到了系统揭示：即时情绪会对道德决策产生直接影响；预期情绪会对道德决策产生间接影响；具体情绪会通过引发不同的认知和动机过程，对决策过程产生不同影响；具身情绪则强调与情绪有关的身体信号在道德决策中的作用。③

以上心理学和神经认知科学的研究对理性因素和非理性因素在个体道德决策中的影响进行了分析，从而揭示了技术对道德决策发挥调解性影响的作用机制。

首先，技术物可以通过情境式调解影响个体道德决策中各种因素所占的比重，根据不同的道德情境帮助理性认知系统或情绪促动系统占据优势地位。国内外诸多心理学研究表明，物理环境是否有序会对个体的心理过程产生功能性影响：整齐有序的环境有助于个体思路清晰地进入理性思考状态，从而表现出较强的自律能力；而混乱无序的环境则会分散人们的注意力，使其更侧重于采用直觉思维的模式，④ 在这种思维模式下，情感或直觉因素对道德决策的影响将会提升。这就意味着技术物能够通过情境式调解，构建起或有序或无序的物理环境，进而调整理性因素和情感因素在道德决策中所能发挥影响的比重。此外，环境的匿名性也会影响个体的道德决策。在一项关于共享损失的道德风险判断与选择的心理学实验中，研究者发现，被试在匿名情况下对道德风险的感知力更弱，因而倾向于作出高风险决策来为自己谋取更大利益；而当被试处于非匿名条件（其决策结果将被呈现给损失共享者）下时，其作出高风险决策的概

---

① JOSHUA D G, BRIAN R S, LEIGH E N, et al. An FMRI investigation of emotional engagement in moral judgment [J]. Science, 2001, 293 (5537)：2105-2108.

② 胡艺馨，何英为，王大伟. 道德决策中的情绪作用 [J]. 山东师范大学学报（人文社会科学版），2018，63（6）：126.

③ 胡艺馨，何英为，王大伟. 道德决策中的情绪作用 [J]. 山东师范大学学报（人文社会科学版），2018，63（6）：124-133.

④ 黄俊锋. 物理环境的有序性对个体道德判断与行为的影响 [D]. 重庆：西南大学，2016.

率则会大大减少。① 由此可知，通过增加环境的曝光度和透明性，可以提高人们对道德风险的敏感性，进而降低其作出高危道德决策的概率。也正是基于这一思路，在各国政府降低社会犯罪率的诸多措施中，一项重要的举措就是建立公共场所的监控系统。

其次，技术还可以使呈现式调解、情境式调解等直接作用于个体道德决策的非理性因素。道德心理学研究表明，个体对道德事件的情绪体验和共情水平等因素均为道德决策的子成分。在面临道德困境时，不同特质共情水平的个体在道德判断的加工机制上存在差异。个体的情绪体验越强烈，则越有可能作出超越理性的道德推理；而个体的共情水平越高，对道德原则的认可程度就越高，对不道德行为的责备程度就越高，就越有可能作出利他的道德决策。② 换句话说，个体的情感因素与理性思考可以共同促成个体最终的道德决策：当个体不仅认为某一行为是不应当的，而且在情感上也表现出厌恶时，那么个体的道德决策将该行为选项排除在外的可能性就会大大提升；反之亦然。这些研究成果为提高公民的道德素养提供了新思路，并已经被贯彻到了道德教育的实践当中。例如，在当前的道德教育中，教育工作者已不再局限于空洞抽象的道德说教，而是通过多媒体技术以及虚拟现实技术的运用，构建起明确具体的生活场景，给被教育者以"身临其境"的情绪体验，同时通过生动的示范与引导唤起被教育者的情感共鸣，建立起个体对特定道德事件的相对稳定的情感联系，帮助其形成对特定道德事件的判断与决策。

三、 对个体道德行为的调解

道德行为是个体在社会实践中的外显行为，作为个体道德潜能实现的最后步骤，通常会受到诸多个体自身因素与外部环境因素的干扰和阻碍。中国传统伦理学中所说的"知而不行"困境，以及西方伦理学中所描述的"道德软弱（moral weakness）"③ 现象，都是

---

① BIXTER M T, LUHMANN C C. Shared losses reduce sensitivity to risk: a laboratory study of moral hazard [J]. Journal of Economic Psychology, 2014, 42 (2): 63-73.

② 黄云云，胡平，邓欢. 特质共情对道德判断的影响：来自 ERP 的证据 [J]. 中国临床心理学杂志，2023, 31 (6): 1315-1319.

③ THERO D P. Understanding moral weakness [M]. Amsterdam: Rodopi, 2006.

指这样一种情形：个体在作出"应该做（ought to do）"的道德决定，且具备了"如何做（how to do）"的相关知识之后，却依然由于内外因素的干扰而最终未能采取相应的道德行动。这说明，事实认知及价值判断尽管为道德决策提供了依据，但却无法担保"行动的作出"与"行动的决定"相一致。就个体自身因素而言，意志力的强弱会直接影响到个体是否能够将所作出的道德决策付诸实践。对此，技术可以凭借其行为调解直接作用于使用者的身体或行为方式，通过强制或引导的方式促使其产生符合特定道德规范的行为。例如，在购票窗口前设置的引导护栏及单向转盘，可以直接跳过对购票者"应该自觉排队"的认知调解，强制性地促使其按照护栏所规定的线路排队购票，从而有效避免了购票者道德认知与道德行为之间的不一致。

　　从存在论的层面上来看，道德决策与实际行为之间的时间差是"知而不行"以及"道德软弱"出现的根本原因："只有当行动的决定与行动的实施之间内含时间距离时，'决定行动但却最后放弃'这种意志软弱才可能出现"①。这是因为道德行动的实施并非孤立展开的过程，而是基于现实的存在境域而不断变化的。在现实的存在境域当中，个体与外部因素之间的互动总是包含并涌现出新的可能性，这些可能性"为行动者最后选择不同于原先所决定的行动提供了现实的前提"②。对此，技术可以凭借其稳定的技术调解功能的发挥，将时间与空间"折叠（fold）"起来，使人们可以跨越时间的间隔、排除空间的干扰，最终确保道德行动的顺利实施。例如，节水型水龙头的设计将"环保"的价值理念转化为了稳定的技术功能，一旦人们选择了节水型水龙头，就会在技术调解的作用下确保自己的每一次使用行为都成为自身最初环保意图的执行。事实证明，相比于完全依靠人们自身的意志力和道德自觉，这种混合了技术调解作用的道德行动机制才更有利于个体道德潜能的实现。正如拉图尔所说："没有人能像一台机器一样具有不折不扣的道德性。……正是因为这种道德性，不论我们感觉我们自己是如何的软弱和邪恶，我们，人

---

① 杨国荣. 论意志软弱［J］. 哲学研究，2012（8）：102.
② 杨国荣. 论意志软弱［J］. 哲学研究，2012（8）：102.

类都如此合乎道德地行动着。"①

第二节　群体道德的技术调解机制

群体，从广义上理解，是由某种共同纽带联结起来并进行共同活动的人们的集合体。它与个体相对，是个体构成的共同体。尽管伦理诞生于人们在集体生活中的相互关系，但长久以来伦理学中的道德主体却是以个体为核心的，体现为个体的德性及其与周围现实之间的应然性关系。随着群体行动者的出现，群体道德开始逐渐进入伦理思考的视野。就群体与个体的关系而言，群体道德建立在个体道德的基础之上，但又有别于个体道德。这就意味着，技术既可以凭借其对个体道德的调解机制来影响群体道德，又可以直接作用于群体道德的特殊性，参与群体道德的实现。

一、对群体道德共识的调解

群体道德之于个体道德的特殊性，首先在于群体道德的实现需要建立在群体道德共识的基础之上，而技术调解在群体道德共识的达成过程中发挥着重要作用。道德共识是"人们对一定的道德规范从理性和情感上予以承认并同化的过程"②。在社会问题错综复杂与价值取向日趋多元的现代社会中，道德共识不仅是群体行动者采取道德行动、解决具体道德困境的认知基础，而且构成了个体参与公共生活的重要领域。就道德共识的根本目的而言，要想对现实的道德困境进行有效的认同和合理解答，道德共识就必须具有面向道德情境的现实解释性。对此，技术可以凭借其认知调解提供关于某一道德情境的解释框架，以帮助情境的参与者在此基础上达成对特定道德事件的基本认知，或对具体道德规范的认同。例如，在超声波

① BRUNO L. Where are the missing masses? the sociology of a few mundane artifacts [M] //WEIBE B, JOHN L. Shaping technology/building society: studies in sociotechnical change. Cambridge: MIT Press, 1992: 232. 转引自 赵乐静. 可选择的技术. 关于技术的解释学研究 [D]. 太原: 山西大学, 2004: 112.

② 魏雷东. 道德思维的逻辑结构与形态演进: 规范、语言与共识 [J]. 湖南大学学报（社会科学版），2015, 29（5）: 129.

产前检测的案例中，超声波技术对胎儿的解释学呈现构成了"是否应该堕胎"这一道德情境的基本解释框架。对此，医生、父母及政策制定者要想就这一道德事件达成共识，就必须在超声波技术所提供的解释框架（包括胎儿的健康状况、图像形态、性别等信息）中进行商谈与互动。

与此同时，技术认知调解还能够通过"放大－缩小"机制对道德事件的呈现，以及群体对该事件的认知发挥非中立性的引导作用：在互联网发达的自媒体时代，一项公共事件的出现通常会伴随着井喷式的信息呈现。这种扁平化、多元化、"所有人对所有人"的传播机制导致了只有通过放大事件的某一方面，并贴上容易吸引眼球的"标签"，才能保证事件不会被海量信息所淹没，同时增加媒介平台的互动率。然而这种信息片面摘取、放大并标签化的方式，往往不利于公众对该事件的理性分析和深入讨论，反而会加强网络舆论对此类事件的偏向力和刻板印象。

如今，社交媒体机器人的广泛应用，更是加深了技术在社会舆论产生、发展、形成阶段的全过程介入。在舆论热点形成阶段，社交机器人会凭借更快的反应速度以及彼此之间的响应联动，形成有利于特定群体的"主流舆论场"。在意见争论阶段，社交机器人会倾向性地支持某一方观点，从而造成争论不同方力量对比的变化。根据"沉默螺旋"理论，这意味着社交机器人足以影响公众所感受到的舆论环境，从而影响人类用户的表达意愿。在舆论形成阶段，社交机器人出于提升社交平台互动强度和用户黏性的目的，会根据预设观点发帖或自动转发立场对立的信息以提升话题的争议性，从而增加舆论走向的不确定性和随机性。[1] 如图4.1所示。

就道德共识的实现机制而言，其关键在于解决个体间不同道德情感、道德观念与道德取向的冲突与分歧，其中蕴含着一对基本矛盾即群体道德的"公共性"与个体道德的"独特性"之间的矛盾。

① 许灵毓，钟义信，陈志成. 社交机器人对社会舆论的影响因素研究［J/OL］. 智能系统学报，2014，19（1）：122－131［2024－03－19］. https://ifffgc1d129f57bb244a4hkq0nfw6nwu6966c9fgfy.eds.tju.edu.cn/kcms/detail/23. 1538. TP.20240116. 1004. 002. html.

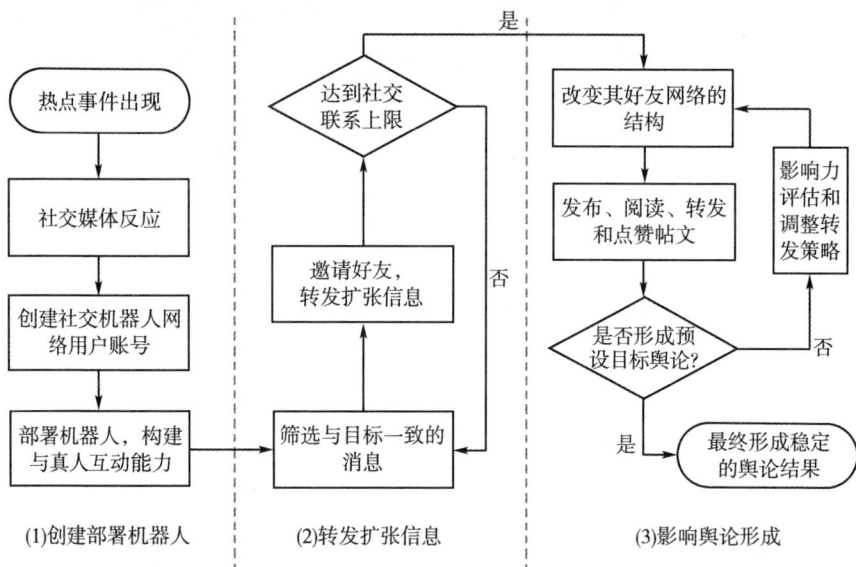

图 4.1　社交机器人的工作原理①

在哈贝马斯的商谈伦理中，这一矛盾只有在个体间自由、平等、开放的对话程序中才能解决："理性的同一性只有在多元性的声音中才可理解，普遍伦理只有在主体间无须强制的对各种有效性的原则认同为基础的、实际的话语互动中才有希望"②。因此，在商谈伦理的框架下，道德共识的实现机制表现为：所有理性参与讨论的人都基于自由意志提出自己的观点，经过各方之间的论争，同样由自由意志确定为被共同承认和遵循的普遍规范。对此，以互联网技术为蓝本的大众传媒技术的发展与普及为个体参与公共讨论提供了前所未有的渠道：其"低门槛进入准则意味着它正在构建一个向更多人开放的空间，它的共享精神证明着这种开放空间的公共性特征"③；与此同时，媒介客户端的便携性则构建了以使用者为中心的个人空间，使使用户能够随时随地以进入个人空间的方式参与公共讨论，促进了

① 许灵毓，钟义信，陈志成. 社交机器人对社会舆论的影响因素研究 [J]. 智能系统学报，2024，19（1）：122-131.

② 刘峰. 道德共识何以达成：哈贝马斯的商谈伦理及其实现道路 [J]. 武汉科技大学学报（社会科学版），2011，13（6）：646.

③ 苏颖. 中国互联网公共讨论中的多元共识：基于政治文明发展进程里的讨论 [J]. 国际新闻界，2012（10）：25.

个人观点的强化与表达。事实上，"任何能加强人类联系的技术都具有民主潜能"①，而这种强公共性与强个人性并存的媒介平台技术也充分体现了商谈伦理的基本精神——自由、平等与开放，从而构成了现代社会解决道德共识中矛盾冲突的技术框架。而正确引导和规范社交机器人在公共讨论中的调解作用，则构成了确保大众传媒技术发挥民主潜能的挑战和要求。

二、对群体道德行动的调解

群体道德之于个体道德的另一项特殊性，在于群体道德行动的开展增加了组织性的维度。这里的"组织性"并非指有目的、有计划的组织，而是强调"群体成员之间的互动和相互作用会影响个体的思想与决策，进而导致具体行动的不同"②。换句话说，群体道德行动也可能是自发的、自组织的，它会受群体内外环境的影响，或增强，或弱化，或消失。这意味着人们不能仅仅将群体作为一个整体行动者来看待，更重要的是，要考虑群体中个体行动者之间的关系，以及个体道德行为是如何上升为群体道德行动的。

从存在主义的视角来看，技术对社会实践的影响构成了其参与群体道德行动的基本方式，而具体的调解机制则是通过影响个体间的相互关系和群体组织方式来实现的。这一点，第二次世界大战后西方思想界对战时大屠杀的反思提供了启发。米尔格拉姆实验发现，标准的，甚至是超过一般标准的好人，在权威的压力下，多数却变得残酷无情。这是因为，人们的价值观和道德观在真实生活情境中只是一股微小的力量，是群体和权威而不是我们的价值观和道德感决定了我们的行为。③ 而现代社会中人与人组成群体的方式——官僚化组织体系恰恰加重了群体之于个体的权威性，由个体实施的恶实际上是群体意志的表现，鲍曼将其称为理性之恶。它根源于官僚化的、层级性的群体关系对个体道德良知的压抑。在当时，无论是生

---

① 闫欣芳，邱慧. 互动对话模式的在线教育如何可能：芬伯格的教育技术哲学探究 [J]. 自然辩证法研究，2016, 32（9）：104.

② 张静，孙慧轩. 群体行为的研究现状与展望 [J]. 北京邮电大学学报（社会科学版），2016, 18（3）：91.

③ 斯坦利·米尔格拉姆. 对权威的服从 [M]. 赵萍萍，王利群，译. 北京：新华出版社，2015.

产实践中执行的泰勒制管理、福特制生产，还是在政治领域强调政府的权威、民族国家的统一，都使社会群体无一不以芒福德笔下的"巨机器"的面貌呈现，个体在其中成为了庞大系统中的微小齿轮，在机械式的运转中丧失了自主性和个性表达。然而，随着第三次工业革命的到来，信息技术与媒介技术的发展使各种不同的社群组织纷纷涌现，并出现了一种去中心化的、扁平化的趋势。对此，芬伯格认为，"当前的技术环境已不同于以前，它不再像60年代那样似乎是'野蛮的压迫者'，而是一种把人们（社会大众）也包含在内的、较为松散地组织起来且较为脆弱的结构，它是一种'软机器'"①。这种新的组织方式极大地削弱了自上而下的群体权威，也使个体之间的连接变得更加灵活与平等，从而为个体自主性的发挥、道德良知的表达提供了空间。

从伦理的关系性维度来看，它本身意味着特定实践领域中人与人之间的规范关系和行为准则，因此，技术可以通过改变某一领域的实践活动形态从而构成对群体道德行动的调解。例如，具体到知识传播这一实践领域，当远程教学系统在教学活动中逐渐普及时，不可避免地会对原有的教学实践和师生关系产生冲击。教学活动不再局限于面对面的言传身教，而是可以凭借远程教育技术跨时间、跨空间地开展，师生之间通过平等的对话及交流不断拓展其理解的"共同基础"，最终实现一种"视域的融合（fusion of horizons）"。这种融合不仅意味着被教育者个人观念的转变、新知识的获得，其本身就是一种行动，是通过被教育者的主动参与来实现的从"表面的知道"到"操作的、制定的知道"的实践过程。② 与此同时，在这种新的教育组织模式中，原有的师生关系也开始发生转变：传统教学活动的组织方式主要依靠教师的言传身教与师道尊严，师生关系也由此表现为一定程度的人身依附关系，甚至统治与被统治的关系，教学活动更加强调现场的组织性和纪律性；而在这种由远程教

---

① 安德鲁·芬伯格. 可选择的现代性 [M]. 陆俊，严耕，译. 北京：中国社会科学出版社，2003：46.

② CINDY X, ANDREW F. Pedagogy in cyberspace: the dynamics of online discourse [J]. E-Learning，2007，4（4）：1-25.

育技术构建起来的教学情境中，教学活动的开展体现为教师、远程教学系统以及学生三者之间的互动。从教师的角度来看，"身教"的维度被远程教学系统抹去，教学活动被还原为单纯的知识传授；而从学生的角度来看，伴随着教学活动在时间与空间上的自由度的提升，学习所需的自制力和自主性要求也相应增加。由此，由远程教育技术建构起的教育情境中的师生关系，也变得更加松散、平等以及自由。

除此之外，技术调解还能够参与并影响个体道德行为向群体道德行为的转化。一般而言，个体行为向群体行为的转化需要经历两个过程：模仿与传染。① 首先，个体能够从群体的认同中获得良好的自我评价，这使得个人与群体在沟通、联系和交往过程中，趋于倾向群体，其观点也更加倾向于那些容易得到他人认同的观点，从而表现出群体成员之间的行为模仿。在这一阶段，道德榜样的树立有助于更好地促进群体道德行为的形成。而多媒体传播技术则可以通过呈现式调解、情境式调解等方式，提升道德榜样的感召力和影响范围，强化道德榜样在个体道德认知与道德行为中的作用。其次，群体中的不同个体之间总是存在着意见和能力的差异，而出于适应与模仿他人行为的需要，部分成员会主动采取行动减少差异，这就体现为群体成员间行为的相互传染。在这一阶段，群体成员间的无障碍互动构成了群体道德行为产生的关键所在。对此，社交媒介技术可以通过提供多样化、即时性的沟通与交流渠道，加速群体间成员行为传染的速度，促进群体道德行为的快速生成。

第三节 社会道德的技术调解机制

从人类社会发展的角度来看，技术对个体道德、群体道德的调解最终会上升为对整个人类社会的道德调解，维贝克将其称为"宏观式调解"，即大写的技术在宏观层面对整个人类的社会伦理秩序以及道德价值理念的影响。依照技术调解的基本框架，技术对社会道

---

① 张静，孙慧轩. 群体行为的研究现状与展望 [J]. 北京邮电大学学报（社会科学版），2016，18（3）：91-98.

德的调解也可以分为解释学和存在主义两个维度，分别对应于对社会道德观念以及社会道德实践的调解，并且在不同的维度上呈现出不同的调解机制。

一、 对社会道德观念的调解

就社会道德观念的变迁而言，存在着渐变与突变两种模式。"渐变"意味着社会道德观念是在特定的社会生态中生成的，也必然伴随着社会生态的变化而发生转变。而技术作为一个整体，其发展与革新不仅是社会生态变化的重要部分，而且也为这种变化提供了动力和基础，进而构成了对社会道德观念的"决定性调解"。就作用效果来看，技术的决定性调解是以隐性的方式对调解对象的认知或行为发挥决定性的影响与塑造作用的。对此，马克思关于社会形态与生产方式关系的探讨为技术之于社会道德观念的决定性调解提供了一种唯物史观的论证思路。

从唯物史观的视角来看，技术作为生产力要素构成了社会的经济基础，能够通过变革社会的生产生活方式、改变生产关系，对上层建筑范畴中的社会道德观念产生决定性的影响。马克思通过对三种社会形态及其关系的历史性考察指出，人们的社会关系及价值观念与其生产实践具有一致性，"既和他们生产什么一致，又和他们怎样生产一致"①。而"怎样生产"的问题关键又在于生产资料，尤其是劳动工具的变化。因此，作为劳动工具的技术变革构成了社会形态演进与价值观念变迁的决定性因素。

在传统社会中，人类主要以手工工具为主导从事手工劳动，并形成了以血缘、地缘、行会等为纽带的生产共同体。马克思将其称为"以人的依赖性为基础的自然共同体"，"这些古老的社会生产有机体……以个人尚未成熟，尚未脱掉同其他人的自然血缘联系的脐带为基础"②。在人与自然的关系中，这种以手工劳动为主的生产力水平意味着人对自然的征服力还较弱，共同体及其成员只能被动地依附于自然，从而形成了尊重自然的朴素生态观念；在人与社会的

---

① 马克思，恩格斯. 马克思恩格斯选集：第1卷 [M]. 北京：人民出版社，1995：520.
② 马克思，恩格斯. 马克思恩格斯文集：第5卷 [M]. 北京：人民出版社，2009：97.

关系中，手工生产意味着个人脱离血缘关系、得不到共同体的接纳就难以生存，因此人们在感情上、思想上和行动上都认同并维护共同体的神圣不可侵犯性，形成了"人与人的相互依赖"基础上的熟人社会及其伦理价值体系；就人与技术的关系而言，手工劳动的过程表现为人主动使用手工工具，劳动生产依靠个人的力量和技巧，体现的是使用者的意志，从而构成了技术工具论的实践根基。

伴随着新技术与生产实践的结合，机械纺织机等工具机替代了手工工具，蒸汽、电力等新动力替代了人力、畜力等旧动力，最终形成了摆脱人身限制的机器体系。"在机器上，劳动资料的运动和活动离开工人而独立了，劳动资料本身成为一种工业上的永动机，如果它不是在自己的助手——人的身上遇到一定的自然界限，即人的身体的虚弱和人的意志，它就会不停顿地进行生产。"① 在人与自然的关系中，现代工业体系的建立意味着凭借着科学技术的发展，人类认识和改造自然的力量获得了极大的提升，人类中心主义的自然观得以在实践领域全面确立。在人与社会的关系中，个人一方面摆脱了低生产力状态下"人与人的相互依赖"，获得了"以物的依赖性为基础的人的独立性"——西方社会的自由、平等等现代价值观念皆以此为基础。但另一方面，这种对物的依赖在根本上体现为劳动对资本的依赖性——失去了劳动资料的劳动者靠出卖自己的劳动力维生，劳动者和劳动资料必须依靠资本这一纽带建立联系。而在人与机器的关系上，作为劳动工具的机器与作为劳动者的人发生了位置对调，即"不是工人使用劳动条件，而是劳动条件使用工人……变得空虚了的单个机器工人的局部技巧，在科学面前，在巨大的自然力面前，在社会的群众性劳动面前，作为微不足道的附属品而消失了；科学、巨大的自然力、社会的群众性劳动都体现在机器体系中，并同机器体系一道构成'主人'的权力"②，于是产生了对技术异化的反思和批判。

在社会道德观念变迁的"突变"模式中，技术的调解作用主要以冲击社会伦理秩序的方式展开，体现为关键性技术突破对传统价

---

① 马克思，恩格斯. 马克思恩格斯文集：第5卷［M］. 北京：人民出版社，2009：464.

② 马克思，恩格斯. 马克思恩格斯文集：第5卷［M］. 北京：人民出版社，2009：487.

值观的挑战。不同于渐变模式中技术潜移默化地对社会道德观念发挥的决定性调解，突变模式中的技术通常以显性的方式直接引发人们关于特定技术伦理问题的讨论，并在广泛讨论中实现对社会道德观念的调解。这种调解在作用强度上不如前者，属于劝导式调解的范畴。举例来讲，1996 年世界上第一头由克隆技术培育出的哺乳动物"多利羊"横空出世，迅速引发了人们关于人类克隆技术可能导致的伦理问题的担忧，并在世界范围内掀起了一场伦理大讨论。哲学家们基于人的尊严和价值对人类克隆技术提出了质疑，认为"克隆体必将构成对人类尊严的侵犯，他将不再被视为一种目的而成为一种手段，我们不再称其为人，而将其视为一种可供操作的物件"①；医学领域担忧人体克隆技术在临床试验阶段对当事人造成的心理及生理创伤，这明显违反了医学伦理中的不伤害原则；政策制定者们关注克隆技术背后的社会公正问题，担心"一旦该技术发展成熟并进入商业化轨迹，将会促使许多贫困国家的妇女出卖卵细胞，形成剥削妇女的新形式"②；而社会公众则从其自身的传统道德观念出发对人体克隆技术表现出了强烈的抗拒，他们认为克隆人不仅破坏了生育的神圣性，而且会对当前的婚姻、家庭关系及宗教信仰造成冲击。尽管这场讨论最终以达成禁止克隆人技术开发（主要指生殖性克隆技术）的共识而告终，但却在人们的观念中植入了"人体克隆""人工生命"的种子，并在一定程度上导致了传统生命观、家庭观的松动：两性生殖、自然生育、血缘关系这些在传统道德中根植已久的价值，在生物医学技术的冲击下被人们重新审视。

近年来，伴随着技术发展不断取得前沿性突破，社会道德观念的突变模式越发凸显：以 2018 年的基因编辑婴儿事件为导火索，引发了社会公众对生命医学伦理合规性的广泛关注；伴随着大数据杀熟、算法歧视、算法操纵等现象引发的公众争议，算法伦理成为学界、产业界关注的重点，隐私、自主性等价值的传统边界逐渐模糊；由于人工智能技术在无人驾驶、知识生产等领域的应用日渐成熟，

① 皮埃尔·费迪达，罗尼·布罗曼，达尼尔·鲍里奥，等. 科学与哲学的对话 [M]. 韩劲草，刘珂，赵春宇，等译. 北京：生活·读书·新知三联书店，2001：326.

② 张春美. 人类克隆的伦理立场与公共政策选择 [J]. 自然辩证法通讯，2010，32（6）：53.

人工智能伦理开始关注机器能动性、责任分配等问题，传统的人机关系模式受到挑战。总而言之，一些关键技术的重大突破会对传统道德观念造成冲击，引发社会层面的伦理争论，并在广泛的争论中"使一部分社会既有道德失去内在价值，同时又为道德标准注入新的内容，从而实现社会伦理道德的不断更新"①。

二、 对社会道德实践的调解

技术对社会道德实践的调解，其根本在于对人类实践范围的扩大，以及对人类行为方式选择的丰富。在以实践为核心的伦理路径中，关键的问题在于"应当"以及"如何"，而这两者的前提首先是"能做"。就技术的本质而言，其"存在在于提高人的能力，让人们从'不能做'到'能做'。技术的每一次进步，都是人的'能做'的范围增长的过程"②，也就是人类实践范围的扩大过程，亦即人的自由度及选择域的拓展。在面向无数可能性的选择中，伦理的"应当"问题出现了；而当人们试图将"应当"落实在实践中时，伦理的"如何"问题也随之而来，这又恰恰属于"能做"的范畴。也就是说，技术对社会道德实践的调解作用，不仅在于通过扩大人类实践范围而提出"应当"的问题，还在于丰富人类行为方式的选择以解决"如何"的问题。

举例来讲，克隆技术的出现极大地拓展了人类对于生命的把控能力，人们不仅能够通过生殖性克隆实现对身体的完全复制，还能够通过治疗性克隆来进行生物医学研究，提升身体的机能和健康状态。尽管这两类克隆的目的不同，但其早期的技术路径是一样的：都是通过细胞核移植形成克隆胚胎。克隆技术的出现对于人类实践范畴的扩展是不可逆的，这意味着这一技术一旦面世，人们就不得不在其带来的实践可能性中作出选择：是否应该继续克隆技术？即使人们最终决定放弃生殖性克隆，那么也是在"能做"的基础上作出的道德选择。与此同时，人们对于治疗性克隆的选择与认可，则

---

① 奚冬梅，隋学深. 技术的人性追求：马克思技术与社会伦理关系思想论析 [J]. 理论月刊，2012（3）：25.

② 张卫. 技术伦理学何以可能 [J]. 伦理学研究，2017（2）：79-80.

进一步印证了技术在伦理的"如何"问题上的调解作用，即它为保障人们的生育权和生命健康权提供了新的解决路径。就辅助生殖领域而言，克隆胚胎技术为人类提供了新的生育形式，使不孕夫妇能够通过人工体外受精及胚胎移植的方式实现自己的生育权；就疾病治疗领域而言，利用克隆技术培育并提取克隆胚胎中的干细胞，生成病患所需的人体组织及器官，有助于解决器官移植供体不足、排异反应等问题。这也是对作为成熟生命体的病患的生命健康权的保障。正是从这一角度出发，人们普遍认为，在确认伦理界限并加强人为控制的前提下，将克隆技术用于辅助生殖及疾病治疗具有道德合理性及可接受性。此外，值得一提的是，技术的发展甚至还能够为确定伦理界限提供支持。人们通过胚胎学研究发现，"人的受精卵发育到第 14 天，才出现可发育为脊椎骨和神经系统的原始脊索，开始组织和器官发育分化活动，具备了发育为一个独立人类个体的能力"①。因此，联合国教科文组织明确将这一时间节点确立为胚胎伦理地位转变的界线：允许将发育不满 14 天的人体胚胎用于研究，而人体胚胎一旦发育超过 14 天，将获得比他人利益更重要的道德地位。

综上所述，技术伦理的出现本身就是技术水平、规模、影响范围扩张的产物。不可否认的是，技术伦理中的部分议题是传统伦理问题在新的技术背景下的延续与重构，如自由意志、人的尊严、道德责任等问题；但仍然有相当多的伦理问题是由于技术发展本身所带来的，无法被完全还原为元伦理问题。尤其是当技术伦理以算法伦理、核伦理、机器人伦理等更为细化的门类出现时，它代表了人类在新的实践领域对所遭遇的"应当"问题的思考以及对"如何"问题的回答。

---

① 张春美. 人类克隆的伦理立场与公共政策选择 [J]. 自然辩证法通讯, 2010, 32 (6): 53.

第五章

技术发展的伦理伴随机制

"伴随"的概念来自维贝克所提出的"技术伴随伦理"。在该技术伦理框架中，伦理的核心问题并非捍卫人与技术之间的界线，而是要考虑如何塑造人与技术之间的相互关系；伦理的任务并非评估某项既定技术在道德上的可接受性，而是指向了与技术相伴随的生活品质的提高；伦理实践也不再局限于在外在于技术的伦理立场上进行批判与评估，而是意味着要更深入地参与到技术设计、使用和社会化的现实实践中，去审慎地塑造并引导技术的发展，以此建构起人们受技术调解的主体性（technologically mediated subjectivity）。①基于此，"技术伴随伦理"超越了技术伦理实现的外在进路，而成为技术伦理实现的内在路径的代表性观点。在此，本书借用"伴随"的概念，通过对技术发展过程的各个阶段的伦理伴随机制的建构，来呈现作为伦理型道德能动体的人类是如何通过积极地参与来对技术发展及自身的主体性进行治理和重塑的。

第一节　技术设计阶段的伦理嵌入

一、技术设计的伦理化

就具体技术物的整个发展过程而言，设计活动构成了技术物的诞生环节，技术物的物理结构与功能设定在这一阶段得以确定，其

---

① PETER-PAUL V. Technology design as experimental ethics ［M］//SIMONE van der B，TSJALLING S. Ethics on the Laboratory Floor. London：Palgrave Macmillan，2013：79-96.

内在蕴含的行动意向也由此基本成形。对技术设计阶段进行伦理嵌入，意味着让技术设计活动负载利益相关者的价值观，使设计实践符合特定的伦理道德考量；而对于技术产品来说，就是让具体的价值取向和道德规范嵌入到技术物的物理结构当中，并通过技术功能的发挥得以实现。从这一角度来看，对技术设计阶段进行伦理嵌入，不仅构成了技术物迈向人工道德行动体的第一步，也是人类发挥自身的伦理潜能、塑造并实现人与技术间共在关系的重要环节。

在"经验转向"与"伦理转向"整合后的规范性维度的技术哲学研究中，技术所能承载的伦理价值被扩展到了有助于实现人类"美好生活"的方方面面，因此，好的技术设计"既要以人为本、创造积极的社会价值，同时也要能够对一些人先天或后天的不良欲望、行为和习惯起到矫正、教育作用"[①]。这实际上包含了技术设计伦理嵌入的双重维度：第一重维度强调面向美好生活的价值设计；第二重维度则强调面向规范秩序的"物律"设计，也被称为"技术的道德化设计"。

在当今的设计实践中，促进人类福祉的价值设计已经较为普遍，主要体现在设计者们"以人为本"的职业伦理共识中：无论是对人类生理、心理的体贴还是对残障人士的关怀，抑或对可持续发展理念的贯彻，都注重使技术设计与产品能够促进人的自由与全面发展。在工业设计领域，美国华盛顿大学的弗里德曼教授提出的"价值敏感性设计"方法，是对技术进行价值设计的典型代表。它的基本理念是超越技术的效用功能，将更加广泛的人类价值（如隐私、安全、公正、人类尊严、知情同意等）嵌入到技术产品之中。[②] 价值敏感性设计的方法被称作"三重方法论（tripartite methodology）"，包括概念研究（conceptual investigation）、经验研究（empirical investigation）与技术研究（technical investigation）。通过这三个层面研究的重复迭代运用，价值敏感性设计最终实现了将具体的价值关怀纳入

---

① 李玉云，赵乐静. 论技术设计的"道德教化"与"道德物化" [J]. 家具与室内装饰，2015 (5)：14.

② BATYA F, DAVID G H. Value sensitive design：shaping technology with moral imagination [M]. Cambridge：MIT Press, 2019.

到技术物当中。首先，概念研究旨在从各方面入手对将要实现的伦理价值进行分析，探讨某种具体的伦理价值如何能够在制度安排、基础架构、人工物及系统中被成功地予以贯彻和表达，从而能够在现实世界中引起积极的道德变化；其次，经验研究重点关注技术物所处的人类语境，为概念研究中对某种价值的分析提供经验支持，并为技术研究中的具体设计提供经验数据的反馈。例如，对利益相关者们如何理解这种价值进行分析、对设计意图与使用实践之间是否存在差异进行探讨，等等。最后，技术研究需要考虑的是技术物在不同使用情境下的价值适用性，通过研究具体的技术设计细节与因素，能够在具体的技术设计语境下促进或者阻碍既定价值的实现。这种技术层面的研究，不仅要关注现存技术物的价值影响，还要对技术物进行积极的设计，以支持概念研究中所肯定的价值。目前，价值敏感性设计已经在网络浏览器的"知情同意"设计、陪伴型机器人的人机情感交互等领域得到了应用。

当技术的调解作用及技术调解的伦理价值被发掘之后，伦理嵌入的第二重维度也成为学界和设计领域关注的焦点，即可以对技术进行意图明确的道德化设计，使某种具体的道德规范作用成为技术功能的一部分，利用技术的道德调解机制来引导和规范使用者的道德观念与行为，以"物律"促进个体的道德完善。技术哲学家雅普·伊奥斯马（Jaap Jelsma）将拉图尔的脚本理论应用到设计实践当中，提出了"道德写入"的设计方法。伊奥斯马认为，人们的行为不仅来自态度、价值取向和具体的行动意向，还受到日常行为习惯的影响，而日常行为习惯通常表现为"受物质基础设施导向的无意识的行动模式"，因此，设计者可以通过脚本的写入对物质基础设施进行调整，进而对人类无意识的行为模式产生特定的导向作用。由于脚本的写入发生于技术的设计阶段，而其对行为模式的导向作用又产生于使用阶段，因而"道德写入"的关键在于沟通技术物的设计情境与使用情境，对现存的技术物进行"再设计（redesign）"，即"通过对现存技术物中的脚本进行分析和重写，将使用者的实际诉求和使用倾向纳入到再设计的技术物当中"①。维贝克则更为系统地提出了"道德物化"理论。他认为："如果说伦理学的主要问题是'人该如何行动'的话，设计者则协助塑造了技术物行为调解的方式，那么设计就应该被看作一种以物质的方式从事的伦理活动。"② 具体来讲，技术的道德化设计可以在两个层面展开：一种是在较为保守的层面上进行隐性调解评估，以尽量避免不合理的调解作用，避免技术的不道德化；另一种是在更为激进的层面上进行显性调解设计，即直接设计具有特定调解作用的技术物，使某种具体的道德规范作用成为技术功能的一部分，实现技术的道德化。

二、 伦理嵌入的方法模型

根据理论与实践领域的多元探索，本书总结出一套在技术设计阶段进行伦理嵌入的方法模型。它以维贝克的"预测-评估-设计（anticipating-assessing-designing）"模型为基本框架，同时借鉴了"价值敏感性设计"中的概念研究法、洛克顿的"有意的设计（design with intend）"理念中的设计工具箱。具体实践流程及操作方法如图5.1所示。

首先，在概念分析环节，主要任务是对将要嵌入技术物的伦理价值规范进行分析，探讨目标价值如何在制度安排、基础架构、人工物及系统中得以成功贯彻和表达，进而能够引起现实世界的积极道德变化。根据价值敏感性设计中的概念研究法（conceptual investigation），这一阶段需要有道德哲学家的参与与协助，其要思考和澄清的问题主要包括目标价值规范的合理性、与涉及的其他价值规范之间的关系、如何在这些价值规范中寻求平衡，等等。与此同时，道德哲学家还需要与技术工作者在具体的工程设计情境中展开跨领域合作，对工程设计问题及其历史与现实背景进行整体描述，探讨目标价值如何与设计过程相关联，并在此基础上对利益相关者进行

① PETER-PAUL V. Moralizing technology: understanding and designing the morality of things [M]. Chicago: The University of Chicago Press, 2011: 114.

② PETER-PAUL V. Moralizing technology: understanding and designing the morality of things [M]. Chicago: The University of Chicago Press, 2011: 91.

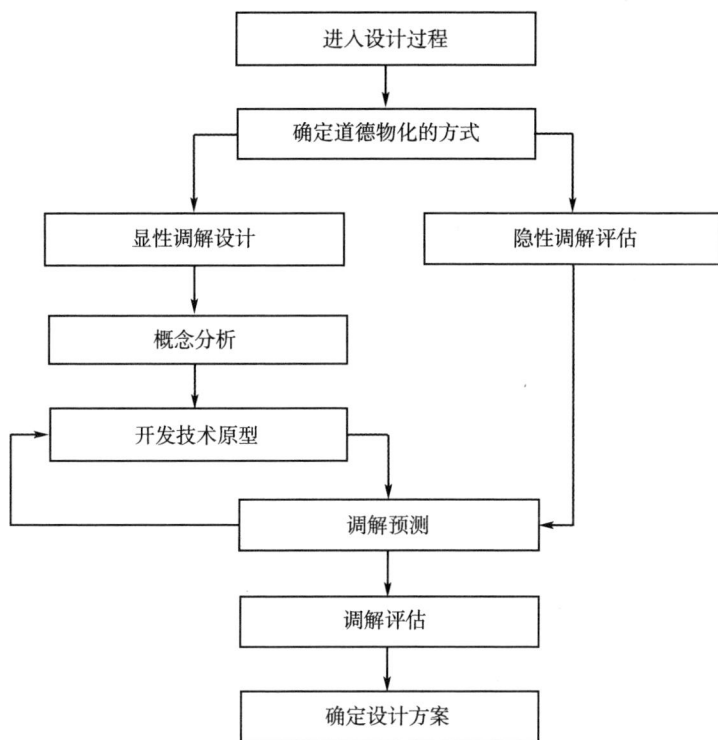

图 5.1 道德化设计操作流程

界定，涉及的问题包括直接利益相关者、间接利益相关者，以及他们分别是如何受到影响的。此外，对目标价值和利益相关者的考量还应该随着社会的发展而动态展开。价值敏感性设计在提出时的目标导向主要围绕一般性的人类价值展开，但随着美国对种族主义讨论的不断深入，对利益相关者的衡量不仅要考虑其角色（直接相关或间接相关），还要关注个体或社群的身份问题；此外，由于后人类主义思潮的兴起，对非人类利益相关者及其价值的考量也必须纳入概念研究之中。[①]

其次，在技术原型开发环节，主要任务是通过多种设计方法将确定的目标价值规范落实到技术物的物理结构当中。对此，洛克顿

[①] DAVID G H, BATYA F, STEPHANIE B. Value sensitive design as a formative framework [J]. Ethics and Information Technology, 2021 (23): 1-6.

在其"有意的设计"理念中通过借鉴各个领域旨在改变用户行为的设计方法，整理出了技术道德化的一般性设计工具箱，共包括六种设计模式，而每种设计模式下又有若干设计方法。第一种设计模式为"建筑模式"，即借鉴建筑设计、城市规划等相关领域中的设计方法，如定位、布局、物理材料、空间分离、定向等，利用系统结构来影响用户行为。例如，在人流量较大的候车厅所设置的休息设施通常为联排双向座椅，为了满足更多旅客的休息需要，座椅的设计不仅要考虑大小尺寸及距离关系，而且通常会利用扶手对座位进行分隔，以防止旅客横卧占用过多空间。这一设计模式可以被用于交互界面设计、软件开发等领域。第二种设计模式为"防错模式"，主要通过目标偏离的方式预防错误行为的发生，其措施包括设置默认选项、连锁反应、增加步骤（extra step）、条件性预警（conditional warnings）等，以增加人们的犯错成本或降低不出错的难度。这一模式可被用于和健康与安全相关的设计领域，如医疗器械的设计与制造工程当中，以尽可能地避免病患作出危害自身生命健康与安全的行为。第三种设计模式为"劝导模式"，主要借鉴了交互式信息设计领域的劝导技术开发思路，通过因果关联、明确建议、反应型条件作用（respondent conditioning）、操作性条件反射（operant conditioning）、反馈式思考（feedback thought form）等方式，来改变和引导信息接受者的态度和行为。第四种设计模式为"可视化模式"，主要借鉴了产品语义学、符号学、生态心理学和格式塔心理学的观点，通过凸显、隐喻、色彩对比、可供性感知（perceived affordances）、隐含序列（implied sequences）等方式，在用户与环境系统进行交互时，对用户的感知模式进行影响。例如，在环保产品的设计中，可以通过增加产品的附加价值来延长用户对产品使用寿命的心理预期，促进产品的可持续利用。第五种设计模式为"认知模式"，借鉴了行为经济学领域对人们的决策如何受到启发与偏见影响的研究，并具体通过社会认同（social proof）、选择架构设计、回馈、许诺等方法引导人们的认知，避免其作出错误的行为决策。第六种设计模式为"安全模式"，即从一种"安全观（security worldview）"出发，通过在产品、系统或环境中预先植入"对抗措施（countermeasures）"

来避免或阻止不受欢迎的用户行为的出现。这些对抗性措施包括监视、气氛营造、损坏威胁等，可以同时被用于现实物理环境和线上虚拟环境的设计。例如，在公共空间内安装监控摄像头、在易损物品上标明赔偿警示、在网络空间中增加信息监管机制等，都可以避免预期中不希望发生的行为的出现。①

再次，在调解预测阶段，目标在于沟通技术的设计情境与使用情境，以确保包含具体价值规范的技术物在使用情境中能够按预期发挥其调解作用，提高技术道德化的实践有效性。对此，维贝克提供了三种预测技术调解作用的方法。第一种方法主要依赖设计者的道德想象（moral imagination），即设计者凭借自身的专业经验通过想象对技术物可能产生的调解作用进行预测，并根据预测的结果对原初设计方案进行修改。这一方法主要包含两个步骤：首先，设计者通过想象将技术物置于不同的使用情境当中，关注不同情境下技术物可能产生的知觉调解或行为调解作用；其次，将想象预测的结果反馈到技术物的设计当中，通过对设计方案的修改来调整完善技术物的调解作用。第二种方法为扩展建构性技术评估（augmenting constructive technology assessment，ACTA），即通过将建构性技术评估扩展到非人——技术物领域，从而建立起全面的技术调解分析路径，同时确保技术设计的民主化。CTA（建构性技术评估）强调社会相关因素对技术发展的动态参与，因而主张将技术物的利益相关者评估纳入到设计过程当中，对设计方案产生建构性的影响。在CTA的基础上，ACTA通过将利益相关者评估扩展到技术物领域，从而实现了技术使用情境与设计情境的有效沟通：关注处于设计中的技术物在使用情境中可能产生的调解作用，预测其实现功能性和道德性价值的方式，进而通过反馈来完善技术物的原初设计②。第三种方法为情境模拟法，即通过对使用情境的有效模拟，对使用者的使用方法进行尽可能全面的预测和分析。这一方法实施的关键在于

---

① DAN L, DAVID H, NEVILLE A S. The design with intent method: a design tool for influencing user behavior [J]. Applied Ergonomics, 2010, 41 (3): 382-392.

② PETER-PAUL V. Materializing morality: design ethics and technological mediations [J]. Science Technology Human Values, 2006, 31 (3): 361-380.

确保情境模拟的真实性，对此，可以将设计者的道德想象及 ACTA 等方法纳入进来，还可以采取一些技术手段，如虚拟现实技术进行情境模拟，以提高调解预测的全面性和准确性。

最后，在调解评估阶段，主要负责对预测到的技术调解作用进行合理性评估，也是对具有了特定道德潜能的技术物所进行的伦理评估。维贝克认为，作为人工道德能动体的技术物，其道德品质（moral quality）主要由以下四项因素决定：有意调解、隐性调解、调解的方式以及调解的最终结果。因此，对处于设计中的技术物的伦理评估也应该从对这四项因素的分析入手。具体来讲，针对有意调解与隐性调解，要着重分析其道德合理性，判断其是否符合道德审议的结果；针对调解的方式，要根据不同的使用情境及使用者的利益偏好进行判断，关注其是否具有可接受性；而针对技术调解的最终结果，要从其有效性和公正性两方面入手进行分析，判断最终的调解结果是否符合预期，以及这种结果本身的公正合理性。在评估方式上，维贝克建议进行"扩展利益相关者分析（augmenting stakeholder analysis，ASA）"，即将概念分析阶段界定出的利益相关者纳入到设计过程当中，对拟定的技术设计方案进行评估。评估的内容既包括对处于设计中的技术物的伦理评估，还包括对利益相关者的利益得失的权衡对比，从而得出关于技术设计方案的更为全面的评估结果，并依据评估结果对技术设计方案进行进一步的修改或确定。①

需要强调的是，必须将技术设计方案视作一种试验性的事物。毕竟，调解预测永远无法保证能考虑到所有的技术调解作用，而嵌入技术物当中的道德规范也并不一定会按照设计者预期的方式发挥作用，甚至道德规范本身也在社会的不断发展中呈现出动态性和建构性。此外，在实际的使用情境中，无法预知的人-技互动、使用者的个人使用与诠释始终存在，并迫使设计者在后续的技术发展过程中不断对原初的设计方案进行调整，对技术产品进行改良和升级。因此，追求道德物化的技术设计必须是开放性的，为试验阶段的建

---

① PETER-PAUL V. Moralizing technology: understanding and designing the morality of things ［M］. Chicago: The University of Chicago Press, 2011.

构性技术伦理评估留下空间。

第二节　技术试验阶段的伦理评估

一、技术伦理评估

技术试验是技术物从设计走向应用的重要环节。在这一阶段，除了运用试验手段对技术的可靠性进行验证之外，还包括对技术的应用前景及后果进行评估。需要指出的是，不同于设计阶段由技术开发者主导的、面向个体层面的技术调解的伦理评估，技术试验阶段的伦理评估通常由伦理委员会主导，其关注的是技术在群体层面的伦理效应。技术开发与应用带来的社会效应"不仅包括技术正常使用情况下的非主观意愿后果……还包括因科技变革而引发的社会矛盾与冲突"[1]。鉴于此，面向技术未来图景构建的技术评估的重要性日益凸显。20世纪六七十年代技术评估（technology assessment，TA）在美国诞生，作为一种政策分析工具，技术评估通过系统地收集、调查和分析有关技术及其可能产生的广泛影响，为制定科技政策提供客观的信息支持。具体来说，技术评估的核心是预测技术可能带来的社会、经济、环境等影响，使政策和决策不仅考虑近期利益，而且关心远期的后果，不但重视经济效益，而且关注难以逆转的社会、环境效应，从而使决策者将有关技术后果的信息纳入决策过程中。

随着技术评估制度化进程的展开，逐渐形成了具有不同侧重的评估体系。就技术评估的主题而言，陆续出现了环境效应分析（environmental impact analysis，EIA）、风险分析（risk analysis，RA）、社会效应分析（social impact analysis，SIA）、隐私效应分析（privacy impact analysis，PIA）等面向特定后果的技术评估；就技术评估的领域而言，有卫生技术评估（health technology assessment，HTA）、创新技术评估（innovative technology assessment，ITA）等面向特定

[1] 马克·杜塞尔多普. 技术后果评估［M］//阿明·格伦瓦尔德. 技术伦理学手册. 吴宁，译. 北京：社会科学文献出版社，2017：687.

技术领域的评估模式；就技术评估的目标而言，其不仅包括预测技术在不同作用领域带来的潜在的积极和消极后果，还在于及早地发现技术的冲突并给出解决冲突的替代性方案，因此还存在着预警性技术评估（warning technology assessment，WTA）、参与性技术评估（participatory technology assessment，PTA）、建构性技术评估（constructive technology assessment，CTA）等在目标和方法上各有侧重的技术评估模式。①

伴随着对技术外在伦理效应的关注和内在道德意蕴的发掘，一些学者察觉到了技术评估中的伦理缺位现象，提出应该将伦理视角纳入到对技术的评估当中。事实上，作为一项有意识、有计划、有明确目标的创造性活动，技术评估的动机是隐含伦理价值的。不仅如此，技术评估活动本身也渗透着人类的伦理道德和利益诉求，是从伦理角度对人类自身利益的关怀。因此，技术伦理评估不仅意味着对技术可能造成的伦理后果的预测和分析，更意味着"把伦理道德有机地、协调地融合到技术评估的主体、过程、标准中，以保障技术评估的顺利进行，实现技术的良性运行"②。在欧洲，欧盟委员会通过伦理审查的方式规范所资助项目的伦理行为。在项目申请阶段，申请人需要填写"伦理审查调查问卷"来完成自我伦理评估；在项目申请过程中，欧盟委员会还会组织外部伦理审查，此阶段的审查包括三个步骤：第一步为"伦理筛选"，主要目的在于识别确认是否存在潜在的伦理问题，以及所牵涉伦理问题的性质，以决定项目是否需要获得国家层面的伦理审批，还是需要进行完整的伦理审查；第二步为"完整伦理审查评估"，由相关专家负责执行，专家首先进行独立的个人审查，随后开会集体讨论项目的伦理问题，并形成共识报告；第三步为"跟踪与审计"，主要目标是让申请人能够满足相关要求，验证其是否充分考虑了可能出现的所有伦理问题，以及是否有必要采取预防或纠正措施。③

---

① ELIN P, SVEN O H. The case for ethical technology assessment（eTA）[J]. Technological Forecasting and Social Change，2006：73（5）：543-558.

② 张恒力. 技术评估的伦理整合 [J]. 科技管理研究，2004（5）：107.

③ 索菲亚·佩乐，伯纳德·雷伯. 从伦理审查到负责任研究与创新 [M]. 陈佳，译. 沈阳：辽宁人民出版社，2023：15-21.

近年来，技术伦理评估也受到我国政府的高度重视。2019 年 7 月，中央全面深化改革委员会第九次会议上审议通过了《国家科技伦理委员会组建方案》。同年 10 月，国家伦理委员会正式成立。2021 年 12 月，《关于加强科技伦理治理的指导意见》（以下简称《意见》）在中央全面深化改革委员会第二十三次会议上审议通过。《意见》强调："开展科技活动应进行科技伦理风险评估或审查。涉及人、实验动物的科技活动，应当按规定由本单位科技伦理（审查）委员会审查批准，不具备设立科技伦理（审查）委员会条件的单位，应委托其他单位科技伦理（审查）委员会开展审查。"① 此外，《意见》还专门指出了一些需要进行伦理风险评估或审查的"科技伦理敏感领域"，包括生命科学、医学、人工智能等。

在内在路径中，技术伦理的基本态度"并不是试图确定一项新技术是好是坏、我们应该接受还是拒绝它，而是将技术作为社会运作及生活世界的正常组成部分，探讨如何以一种负责任的方式来对待新技术"②。因此，技术伦理评估关注的伦理效应不仅包括技术的负面伦理影响，还包括技术作为伦理实现活动参与者的积极的伦理潜能。换言之，内在路径中的技术伦理评估并非要对技术的道德可接受性进行非此即彼的外在评估，而是对其道德可取性进行积极的分析和建构，其核心问题在于"如何做（how to do）"。就此而言，技术伦理评估的具体内容包括分析并预测技术本身及其应用的伦理效应，追溯并澄清伦理效应背后蕴含的道德困境或价值冲突，提出详尽、清晰、普遍接受并认可的规范性共识框架，并在此基础上形成能够指导技术实践的伦理准则。③

二、技术伦理评估流程及工具箱

HTA 领域很早便开启了对技术伦理的关注，可追溯至生命医学

---

① 关于加强科技伦理治理的指导意见 ［EB/OL］. （2022-03-20）［2024-03-27］. https://www. gov. cn/gongbao/content/2022/content_5683838. htm.

② PHILIP B. Philosophy of technology after the empirical turn ［J］. Techné：Research in Philosophy & Technology, 2010, 14 (1)：36-48.

③ GRUNWALD A. Against over-estimating the role of ethics in technology development ［J］. Science & Engineering Ethics, 2000, 6 (2)：181-196.

伦理领域的《希波克拉底誓言》《纽伦堡法典》《赫尔辛基宣言》《贝尔蒙报告》等，并在此基础上形成了较为完善的技术伦理评估流程与规范。因此，本书借鉴了 HTA 领域的伦理评估框架及方法，根据芬兰卫生技术评估办公室（Finnish Office for Health Technology Assessment，FinOHTA）给出的在 HTA 进程中开展伦理分析的通用框架①，结合学界提出的通用技术伦理评估的"清单路径（checklist approach）"②、"伦理–建构性技术评估路径（ethical-constructive technology assessment approach）"③ 等，给出技术试验阶段开展伦理评估的一般性流程及工具箱（见图 5.2）。其中，技术伦理效应的预测与识别、伦理问题的分析与澄清、解决方案的开发与确定构成了内在路径中技术伦理评估的主体环节。

首先，在伦理效应预测环节，主要任务是对新兴技术的潜在伦理效应进行尽可能全面的预测与识别，并判断是否存在针对识别出的伦理效应的规范性共识。对此，在技术伦理评估的审核路径中，艾琳·帕姆（Elin Palm）和斯温·奥沃·汉森（Sven Ove Hansson）通过对现代技术伦理效应的综合分析，开发出了一份新兴技术常见伦理问题域清单（见表 5.1）。这份清单涵盖了目前为止新兴技术领域已被识别到的关键问题，他们认为，通过对照这一清单对新兴技术进行伦理审查，可以协助评估者尽快建立起对技术伦理效应的早期判断及预警，提高技术伦理评估的效率。与此同时，埃舍尔·基兰（Asle H. Kiran）等在《超越清单：朝向一种伦理–建构性技术评估》一文中，对技术伦理评估的审核路径进行了批判性分析与超越性补充，提出应该将对技术调解作用的评估纳入到技术伦理评估当中，以调解评估（方法详见上节）在微观层面的分析（个体层面的人与技术的互动）来补充当前技术伦理评估领域的中观视角，提高

---

① AUTTI-RÄMÖ I, MÄKEIÄ M. Ethical evaluation in health technology assessment reports: an eclectic approach [J]. International Journal of Technology Assessment in Health Care, 2007, 23 (1): 1-8.

② ELIN P, SVEN O H. The case for ethical technology assessment (eTA) [J]. Technological Forecasting and Social Change, 2006, 73 (5): 543-558.

③ ASLE H K, NELLY O, PETER-PAUL V. Beyond checklists: toward an ethical-constructive technology assessment [J]. Journal of Responsible Innovation, 2015, 2 (1): 5-19.

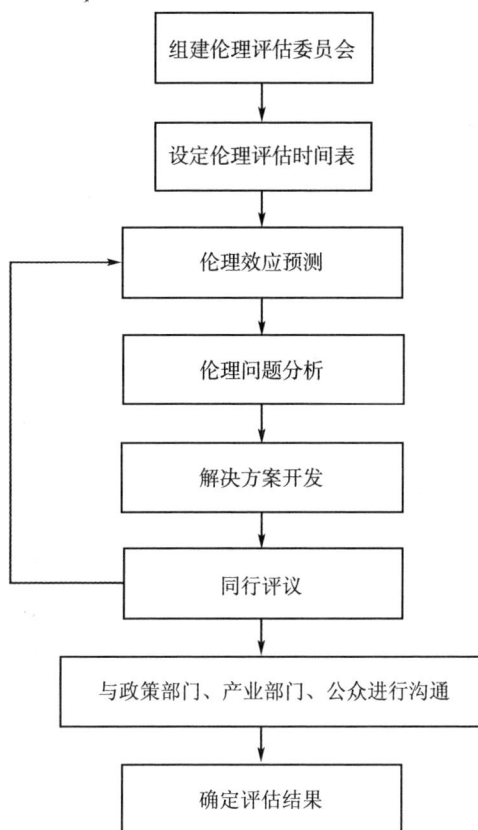

图5.2 技术伦理评估流程图①

对技术伦理效应预测的准确性与全面性。

表5.1 新兴技术常见伦理问题域清单②

常见问题域	伦理问题
信息传播与应用	由信息传播模式改变而带来的伦理问题，如网络匿名特征对暴力犯罪的影响、网络共享特征对版权保护的冲击等
控制、影响与权力	由技术变革而产生的控制权与影响力分配的变化，如技术的可获得性对教育与竞争公平的影响、信息技术对社会民主问题的影响等

---

① 资料来源：根据 FinOHTA 给出的 HTA 通用框架整理所得。

② ELIN P，SVEN O H. The case for ethical technology assessment（eTA）［J］. Technological Forecasting and Social Change，2006，73（5）：543-558.

表5-1(续)

常见问题域	伦理问题
对社交方式的影响	由通信技术而造成的人们建立联系及交流方式的变化及其影响，如交流方式的直接、廉价及易用性对沟通的促进、线上接触对面对面交流的取代、远程工作及教学的普及率增加的伦理效应等
隐私	用于识别和收集个人信息的技术对个人隐私的侵扰，如药物测试与基因筛查技术、监控摄像头的布置、工作场所及互联网领域的监测技术对隐私伦理问题的影响
可持续性	新技术对可持续发展的经济、社会和生态三个维度的影响。当前，对新技术的生态可持续性的评估发展得较为完善，而从经济和社会的可持续性角度对新技术的分析与评估尚不充分
人类生殖	生殖技术对人们生育观、生育行为的影响，如试管受精对妇女生育年龄的延长、基因筛查技术对后代选择及人类进化模式的干预等
性别、少数群体及公平	技术对不同性别、少数群体造成的差异性影响及其中的公平问题，如监控技术在服务行业的盛行对从事这一行业的多数群体——女性的隐私权的侵犯，技术传播中对少数民族文化的冲击等
国际关系	技术对国际关系，尤其是发达国家与发展中国家间关系的影响，如医疗技术和生物技术的可获得性对不同国家的人权问题的影响，数字鸿沟与信息权的分配所带来的国际关系变化等
对人类价值的影响	技术发展会通过对生活方式的影响而改变人类对自身、对传统价值观念及原则的理解，如个人信息可获得性的增加会降低人们对隐私权的重视，技术后果的跨时空延伸会对传统的责任观提出挑战

其次，在伦理问题分析环节，主要任务是对识别出的技术伦理问题进行追溯，发掘和澄清其背后隐藏的价值冲突和道德困境。在应用伦理学领域，存在着诸多伦理分析方法与原则，如演绎法（deductivist）、情境法（contextualist）、义务论（deontology）、功利主义（utilitarianism），等等。学者们普遍认为，单一的伦理分析方法与原则不足以支撑对复杂现实问题的阐释，因此必须对其进行整合式应用。此外，鉴于一项技术的伦理意涵总是与其发展、更新以及应用的具体情境相关，因此对伦理方法与视角的整合必须具有语境敏感

性（context sensitive），这也是伦理分析方法论的关键所在。①

在此基础上，根据伦理问题的呈现与分析方式的不同，存在着以下两种整合式操作进路。其一为原则主义（principlism）进路，即"以两个或更多个没有（至少部分没有）固定道德排序的原则作为伦理分析基本框架的一种伦理分析进路"②。在这一进路的操作中，首先要在借鉴义务论、功利主义、自由主义等各种道德资源的基础上，建立起一系列简单、明确、具体的伦理原则框架；其次要通过具体道德情境下的详述（specification）和权衡（balance）来实现伦理原则对现实问题的分析与澄清。在此，原则主义进路的"语境敏感性"主要体现在对普遍伦理原则与特殊道德情境之间的协调上，即它不仅强调伦理原则的普遍规范性，还包括了根据道德情境的特殊性对伦理原则框架的检验、修正与调整。其二是决疑法（casuistry）进路，它与原则主义进路相反，认为道德判断无法由道德原则中推演得来。因此，决疑法进路是一种以案例考察为出发点的伦理分析路径，在方法论上也被称为"基于案例的推理（case-based reasoning，CBR）"。具体而言，这一进路是"运用范例（paradigms）和类比（analogies）方法通过箴规（maxims）在一定情境下形成具有实践性和规范性的特殊道德义务，以解决实际道德困境的伦理分析方法"③。相比于原则主义进路，决疑法的"语境敏感性"来自以类推方式实现的道德规范与道德事件之间的平衡，其关键在于：一方面，从实践的角度出发发现范例，并精确观察在这一现实情境中是什么影响了特定规则的运用或舍弃，从中得到作为道德规则的箴规；另一方面，以类比和推理的方式发现箴规与新的伦理问题之间的呼应关系，为澄清和权衡不同种类的道德考量以及解决不同的道德考量之间的冲突提供思路。④

再次，在解决方案开发环节，主要任务是形成规范性共识框架，

① BURLS A, CARON L, CLERET de L G, et al. Tackling ethical issues in health technology assessment：a proposed framework［J］. International Journal of Technology Assessment in Health Care, 2011, 27（3）：230-237.

② 肖健. 彼彻姆和查瑞斯的生命伦理原则主义进路评析［J］. 道德与文明, 2009（1）：43.

③ 杨阳. 卫生技术评估中的伦理评估及其意义［J］. 自然辩证法研究, 2016, 32（8）：71.

④ 舒国滢. 决疑术：方法、渊源与盛衰［J］. 中国政法大学学报, 2012（2）：11.

并以此为基础提供伦理导向（ethical orientation）或伦理准则（ethical guideline）。当伦理问题背后的价值冲突和道德困境都得以梳理并澄清之后，问题解决的关键就变成了如何在不同利益相关者群体的价值排序冲突中达成共识。毕竟，在缺乏强有力的统一价值规范的情况下，只有获得利益相关者认可的共识才真正具有作为行为规范的有效性。对此，可以通过价值论（axiology）与参与式技术评估相结合的方法，为规范性共识的形成提供一条开放、透明、知情的协商路径，以避免原则主义或决疑法可能存在的规范性偏见（normative bias）和实践有效性困境。在价值论的方法中，首要的是确定利益相关者及其价值偏好，然后在听取利益相关者意见的基础上进行定性研究，为其梳理出道德规范与价值的重要性排序以供参考。① 与此同时，参与式技术评估中的"共识会议（consensus conference）""对话论坛（dialogue fora）"等参与形式则为各方利益相关者参与评估过程提供了平台，以确保其能够在广泛的商谈中达成有效共识。

最后，对于确定的规范性共识框架，要提交进行同行评议，对共识框架的合理性以及在此过程中新出现的伦理问题进行考察。从这一角度而言，技术伦理评估应该被视为一个持续的过程，这一方面意味着在决策日程允许的时间范围内，不应过于强调达成对争议性问题的共识，以避免对伦理问题的过早封闭与探讨不足；另一方面意味着技术伦理评估的实施应该伴随技术的整个发展过程，即以"内在（from within）"的视角在技术的开发、实施及应用的不同阶段对伦理问题予以关注，如当前已经出现的伦理－建构性技术评估（将伦理评估前置入技术的设计过程）、建筑设计与城市规划领域的使用后评估（post occupancy evaluation，POE）等模式。这种对技术伦理评估的持续拓展，不仅有助于提高伦理评估的准确性与有效性，而且也有助于更多行动者群体的加入，其中的"深度学习（deep learning）"② 维度可以有效提高参与者的技术素养和伦理意识，缓

① SAARNI S I, BRAUNACK-MAYER A, HOFMANN B, et al. Different methods for ethical analysis in health technology assessment: an empirical study [J]. International Journal of Technology Assessment in Health Care, 2011, 27 (4): 305-312.

② GENUS A, COLES A. On constructive technology assessment and limitations on public participation in technology assessment [J]. Technology Analysis & Strategic Management, 2005, 17 (4): 433-443.

解他们由于信息缺失而产生的焦虑及抵抗情绪，为技术推广阶段的伦理调适创造更为健康积极的社会氛围。

第三节　技术推广阶段的伦理调适

一、技术推广与社会化

技术推广，即技术产品的社会嵌入。在这一阶段，通过了评估的技术将进一步与社会系统进行融合，并从中获得特定的社会角色，因而也被称作技术的社会化过程。作为社会学领域的基本概念，社会化通常是指"人接受社会文化的过程，更具体地说是指'生物人'成长为'社会人'，逐步适应社会生活的全部过程"①。在这一过程当中，个体为了获得社会认同，就必须满足社会对其的期待与要求，而社会系统中的诸多因素也会因此在个体身上打上烙印，构成其作为"社会人"的各种属性。就此而言，技术社会化也是技术社会属性的获得和完善过程，是技术社会角色的形成和实现过程。陈凡教授在《技术社会化引论》中指出，技术社会化的实质就是通过对技术的社会整合与对公众心理的社会调适，使技术被社会所接受，被公众所认同，成为与社会相容的技术的过程。具体地说，就是一方面在社会区位的整合下，通过对技术的社会建构、选择、调试和控制，使技术满足和适应社会规范的要求；另一方面，通过对社会心理的调适，使公众对技术形成积极的社会态度，最后使技术在发展的过程中被社会所接受，被公众所认同，成为与社会相容的技术。②

因此，要想使某项技术产品顺利实现社会嵌入，必须充分考虑社会规范和社会心理的影响。尤其是应该根据社会的价值选择进行调整，以提高技术产品的价值导向与社会价值系统的相容度（compatibility）。"相容度越高，技术在发展过程中受到的摩擦就越小，

---

① 王健，陈凡，曹东溟. 技术社会化的单向度及其伦理规约 [J]. 科学技术哲学研究，2011，28（6）：52.

② 陈凡. 技术社会化引论 [M]. 北京：中国人民大学出版社，1995：5-8.

从而其速度和力度就会更快、更深；相反，若相容度低或不相容时，技术发展的速度与力度则大大减慢，式微甚至停滞。"① 需要注意的是，由于社会价值系统具有动态性和地域性，技术价值导向与社会价值系统的相容度也是处于变化之中的。就动态性而言，技术的价值导向往往超前于社会价值系统的时代变迁，因而会导致技术社会化过程中的不相容问题；就地域性而言，同一技术会因社会价值系统的地方性差异遭遇地域性排斥现象。

具体到技术伦理角色的实现中，对技术的道德化设计与伦理评估都是对技术道德潜能的嵌入，而技术究竟在什么样的场合、以什么样的角色出现在人们面前，究竟能否将其道德潜能转化为现实，则取决于社会对技术的选择与接纳。如前所述，在技术设计与评估阶段，技术物所拥有的道德潜能是作为伦理意向存在的，具有多元稳定性。这在使用阶段表现为技术潜能实现的情景依赖性——技术意向的发挥有赖于人与技术的互动关系，而在推广阶段则意味着社会价值系统与技术价值导向的动态关系。"技术及其物提供众多可能性，且其从本质上领先于固定的用途。发明某物只是意味着给人类社会提供了一种新的可能性，其是否应当成为现实、值得成为现实、成为何种现实等则在于人类的价值选择。"② 因此，技术道德潜能实现的第一步，就在于技术推广过程中与社会既定的伦理价值体系的融合。

正如社会道德观念的变迁受到技术调解作用的影响一样，技术道德潜能和伦理角色的实现也接受着来自社会价值系统的调适。然而，两者之间不同的是，技术对社会道德观念的调解通常表现为没有明确导向性的自适应与被动适应的过程，但社会价值系统对技术的调适却可以是一种自觉的调适，即通过有目的的伦理调适刻意造就技术伦理角色实现的某种局面和程度。尤其是考虑到社会价值系统的动态性和地域性，在技术推广阶段的伦理调适必须由政府主导，并遵循自上而下的原则开展。对于那些具有明确价值导向的技术产品，它们不像其他技术产品那样有自下而上的市场需求作为支撑，

---

① 闫宏秀. 技术的价值选择支撑探微 [J]. 科学技术哲学研究, 2009, 26 (6): 67.

② 闫宏秀. 技术的价值选择支撑探微 [J]. 科学技术哲学研究, 2009, 26 (6): 67.

因此需要依靠政府自上而下的引导与推动，才能够激发自下而上的积极呼应，以营造出有利于技术伦理潜能发挥的社会氛围。另外，对于那些没有明确道德功能的技术产品来说，依然要通过社会层面的伦理调适来实现技术的"善用"，以尽量避免其消极伦理后果的产生。

二、 技术伦理调适的基本方式

对技术的伦理调适是由政府部门主导且遵循自上而下的原则展开的，为了避免可能导致的"技术统治论"倾向或对多元价值选择的"压制"，应该首先考虑围绕可获得最大范围支持的伦理价值展开伦理调适。由于环境危机是当今世界共同面临的巨大挑战，各国政府和公众已经普遍意识到环境问题的紧迫性和生态价值的重要性，"可持续发展"已经成为全球共识。在技术研发与评估中，对生态价值的嵌入和环境友好性评估已经较为成熟，由此形成了各个领域的绿色技术。因此，本书以绿色技术的推广为例，对政府实施伦理调适的基本方式进行介绍。

第一，制度调适，即将社会的价值选择制度化为具体的法律法规，借助国家公权力促进特定技术的推广与传播。

首先，搭建产学研合作的绿色技术推广平台，既能够确保绿色技术研发成果能够及时有效地进入推广阶段，又有利于绿色技术应用信息与需求的及时反馈。在德国，各州政府推动建立了低碳技术区域性产学研合作网络，其成员包括企业、各类科研院所和大专院校等。通过网络平台，企业与研发机构可以展开更加顺畅的交流沟通，大大提高技术研发工作的针对性和低碳技术传播的效率。由于在德国低碳技术产业领域中小企业占绝大多数，良好的合作创新网络就成为其联合开展各类低碳技术扩散活动的重要平台①。

其次，健全促进环境成本内部化的法律制度，建立"能够充分反映自然资源与环境价值的市场价格机制，使耗费自然环境对社会

① 王靖宇，史安娜. 低碳技术扩散中政府管理的国际经验比较研究 [J]. 华东经济管理，2011，25（5）：19-22.

135

产生的成本能够计入产品成本中"①，从而促使生产部门和消费者在"经济人逻辑"的指引下自觉产生对绿色技术的偏好。例如，在"碳中和"的目标驱动下，各国政府运用碳排放交易、碳排放税等政策措施将生态价值转化为经济价值，从而引入市场化运作机制，以达到内化环境成本的效果；在国际贸易交易中，欧盟于 2023 年 10 月开始执行碳边境调节机制（carbon border adjustment mechanism, CBAM），根据进口商品隐含的温室气体排放量对其征收关税或采取其他价格调节措施，并计划在 2025 年的过渡期结束后于 2026 年全面实施。

最后，完善绿色技术标准认证与标识体系，以便为政府扶持政策的实施提供决策信息，同时也可以引导消费者的选择。绿色技术标准的制定需要结合技术发展现状，将"可持续性""环境友好""资源节约"等价值转化为可进行量化评估的指标体系和技术要求，以供政府主管部门或第三方认证机构进行检测和认证。目前，节能产品认证和能效标识制度已经成为国际上通用的促进绿色技术推广应用的政策方案。根据《中华人民共和国节约能源法》，我国于 1998 年 10 月正式建立了中国节能产品认证制度，对具有优越能效水平（一般排在同类产品的前 10% ~ 20%）的产品型号予以认证，提供统一的认证标签。对于这些产品，政府不仅可以提供税收优惠、财政补贴等政策支持，也可以以纳入政府节能采购目录等方式予以直接帮扶。此外，能效等级标识可以更明确地标明产品的能源效率等级等性能指标，不仅可以引导消费者选择更高能效的产品，而且国际能效等级的协调互认也可以促进节能产品的国际贸易。

第二，舆论调适，即营造具有良好价值导向的社会氛围和舆论环境，使与这一价值相容的技术产品能够从中获得助力。舆论调适的方式主要分为两种：其一为舆论宣传，通过公共媒体对社会价值的宣扬以及对相关技术产品的推广，引导和改善购买方的消费理念；其二为舆论监督，通过公共媒体、环保部门等以信息公开为核心的舆论引导，形成由公众广泛参与的舆论监督氛围，对明显有悖于社

---

① 王干，万志前. 论促进生态技术发展的法律制度安排 [J]. 华中科技大学学报（社会科学版），2006（6）：41.

会主导价值的技术产品进行遏制。就绿色技术的推广而言，其首先得益于社会范围内可持续发展理念的传播与接受。自 20 世纪 60 年代以来，在世界范围内兴起的环境保护运动使可持续发展的理念得到了广泛传播，《人类环境宣言》《里约热内卢宣言》《生物多样性公约》等一批国际性行动纲领更是体现了国际社会对环保问题的共识以及相关环保措施的落实。与此同时，经过半个多世纪各国媒体的长效舆论刺激，可持续发展理念在人们的心理上形成了持久的累积效应，已经成为消费者选择技术产品时的一个重要心理预期。从日常用品到住宅家装，商家凭借"绿色""环保"的销售理念通常能获得良好的经济回报。尤其是在住宅区的建设与开发领域，尽管有些住宅区的环保工作仅限于提高小区绿化率，而并未真正采用绿色建筑技术，实际的环保效果也并不理想，但仍然能获得购买者的认可。[①] 这一方面说明可持续发展的理念已经深入人心，对人们的消费行为起到了积极的引导作用；另一方面也说明了环保宣传工作不应仅限于提倡道德观念的价值宣扬，更应该包括对公众技术素养的培育以及对先进技术的宣传，使消费者能够摆脱对于生态技术"一知半解"的状态，以及在生态产品选择中的盲从地位，真正选择那些具有更佳环保功效的技术产品。

在舆论监督路线中，公共媒体与环保部门可以进行合作，形成以信息公开为核心、面向公众参与的舆论监督体系。在技术的传播与扩散过程中，公众对技术的态度"往往是一项新技术被倡导或禁止的决定性因素"[②]。在环保意识已经深入人心的社会舆论环境中，确保公众对环保信息知情权的实现，有助于公众形成并加强对生产企业及其技术产品生态效应的监督意识，自觉选择环境友好型产品，抵制资源消耗型或环境污染型产品。在具体的操作层面，一方面要完善以政府部门为主体，企事业单位参与的信息公开制度。根据《企业事业单位环境信息公开办法》[③]，环保部门应该主动向社会公

---

① 王兵. 论生态建筑技术社会化的四项原则 [J]. 学术论坛，2003 (6)：44-46.

② 闫宏秀. 技术过程的价值选择研究 [M]. 上海：上海人民出版社，2015：156.

③ 中华人民共和国环境保护部. 企业事业单位环境信息公开办法 [EB/OL]. （2014-12-19）[2024-04-02]. https://www.gov.cn/gongbao/content/2015/content_2838171.htm.

开污染物超标以及造成严重环境污染的企业名单，而企业除了自愿公开其环保措施之外，一旦被列入环保黑名单，则必须公开其污染物生产及处理信息，以便形成对污染企业及其产品的社会舆论监督，迫使相关企业采取必要的环境技术对其生产线进行改造，并对其造成的污染进行治理和控制。另一方面可以借助互联网平台（如12369环保举报公众号、全国生态环境投诉举报平台等），建立起公众参与与信息反馈渠道，扩展舆论监督的影响力与监督范围，同时也为环保部门的考核及责任追究工作的开展提供助力。

第三，教育调适，即建立覆盖全社会的伦理教育与技术培训体系，为符合特定伦理价值的技术产品的推广提供道德和智力保障。这样的教育体系应该"全面系统地体现于学校系统教育、成人职业教育和干部培训教育以及由公共传媒进行的各种开放教育中"[1]，使全体社会成员都有重新受教育和持续受教育的机会。具体而言，在绿色技术推广的教育调适体系中，各个教育环节在教育内容和教育对象上都有不同的侧重。首先，在学校系统教育中，重点在于面向未来的技术工作者进行环境伦理教育，使其能够自觉地将可持续发展理念融入技术的开发与选择中。这种科技伦理教育大致可以遵循两种模式开展：一是开设独立的工程伦理教育课程，以便学生能够深入集中地接受伦理知识与训练；二是开设跨课程伦理教育，其基本理念是把伦理教育渗透到所有专业课程教育之中，以便增强伦理教育的针对性和实践指导意义[2]。其次，在成人职业教育中，重点是针对绿色技术的推广对象进行技术培训，以解决绿色技术应用知识与技术采用者文化水平的匹配问题。例如，在绿色农业技术的推广中，已有研究表明，农户关于环境知识、环境影响、环境政策等的绿色认知与其技术采纳意愿和行为之间存在正相关关系，即农户的绿色认知越高，采用绿色生产技术的意愿越强，实施相应行为的可能性越大。[3] 因此，针对农户组织开展相关教育培训就显得尤为重

---

① 王兵，王春胜. 论环境技术社会化与社会调适 [J]. 科技进步与对策，2006（6）：75.

② CARL M，ELAINE E E. Ethics across the curriculum：prospects for broader（and deeper）teaching and learning in research and engineering ethics [J]. Science & Engineering Ethics，2016（5）：1-28.

③ 余威震，罗小锋，李容容，等. 绿色认知视角下农户绿色技术采纳意愿与行为悖离研究 [J]. 资源科学，2017，39（8）：1573-1583.

要。培训内容不仅应该包括对绿色技术的应用性技能，以解决农户在技术使用中的实际问题，还应该包括对绿色生产重要性、农村生态环境政策的普及教育。培训方式可以包括现场讲授示范、建立技术咨询点、组织技术讲座、开展远程教育等，以多样化的培训模式提高绿色农业技术的转化率和入户率。① 再次，在干部培训教育中，重点是面向相关政府部门的工作人员开展综合培训。政府公职人员作为国家政策的制定者、实施者和引导者，"其环境意识将通过政策的制定、监督、执行以及环境管理等环节的行政影响力展示出来并转化为实际行动"②，成为绿色技术推广的直接动力。因此，必须通过定向培训、配套培训、职前培训、在职培训等多种方式，提高技术推广人员的综合素质，使其在知识、品德、态度和能力等各方面满足国家绿色技术推广的需求。最后，在开放教育阶段，重点是面向全体社会公众开展环保教育。因此，通过公众媒体全方位持续的环保宣传教育，有助于形成良好的社会伦理环境，使得技术工作者、推广者以及使用者能够在此环境中相互影响、相互配合，共同促进绿色技术的社会嵌入。

第四节　技术使用阶段的伦理建构

一、技术使用责任

技术使用，即使用者基于特定目的对技术物进行操作、利用和发挥的实践活动。在这一阶段，已经顺利嵌入社会系统的技术产品将进一步进入人们的使用世界，实现技术的生活化和风格化。通过对技术的操作与使用，技术使用者们"不仅把他们所不甚了解的事物嵌入了生产、生活实践和社会文化中，而且以自己特有的方式运作它们、驯化它们，使它们成为人们所熟悉的事物，供人们驱使、驾驭，并赋予其现实意义"③。因此，有学者将技术的使用情境定义

---

① 张燕. 我国生态农业技术推广体系的构建 [J]. 农村经济, 2011 (2): 100-103.

② 王兵, 王春胜. 论环境技术社会化与社会调适 [J]. 科技进步与对策, 2006 (6): 75.

③ 陈凡, 陈多闻. 论技术使用者的三重角色 [J]. 科学技术与辩证法, 2009, 26 (2): 51.

为人类使用者通过技术的使用所构建出来的实践语境，认为"这是使用者拥有着话语权的空间，是使用者自己的场所，一切活动都围绕着技术使用而进行，技术使用者是主体，技术人工物是客体"①。然而，这种在主客二元框架下强调人类主体性与使用者话语权的观点，显然忽略了技术通过调解作用所体现出的"能动性"，及其对传统二元框架的冲击。

在技术调解的框架下，技术使用情境是在使用者与技术物的互动中构建起来的，是技术的调解逻辑（mediation logic）与使用者的用户逻辑（user logic）之间的碰撞与整合。其中，技术的调解逻辑在于产生特定的行为导向，类似于技术物的"脚本"，是"使用者为了实现技术人工物的功能（目的），必须按照技术人工物蕴含的使用指令进行一系列的行动"②；而使用者的用户逻辑则是其对自身使用活动的自我规划——他们既可以遵循技术的调解逻辑，但如果这种调解设计不符合其用户逻辑，使用者也可以提出自己的使用规划，以不同于设计者预想的方式进行技术的解读与操作，从而产生预料之外的技术使用情境。③

当技术作为调解者被引入到人与世界的关系当中时，技术的使用情境实际上就变成了一个由三项要素构成的关系图式：

$$人————技术————世界$$

在这样的使用情境模式中，使用者的责任对象既包含了经由技术调解所指向的外部世界，又包含了所使用的技术以及受技术调解的自身。而使用者的关注点究竟指向何种责任对象，则与技术调解的"透明性（transparency）"直接相关。当技术调解在人的使用实践中呈现出透明性时，意味着使用者与技术之间是一种"上手"状态，使用者的关注点和责任对象投向的是他者与外部世界。当技术调解在使用实践中呈现出"不透明性（opacity）"时，使用者将注意力投放到技术以及自身的使用行为上，使用者与技术物之间的关

---

① 陈多闻. 论技术使用者的人性责任 [J]. 科学技术哲学研究, 2012, 29 (2): 57.

② 顾世春. 技术人工物本性理论的新发展 [J]. 科学技术哲学研究, 2016, 33 (6): 71.

③ MARC J de V. Gilbert Simondon and the dual nature of technical artifacts [J]. Techné: Research in Philosophy and Technology, 2008, 12 (1): 23-35.

系状态从"上手"转变为"在手",使用者的责任对象也从他者与外部世界转向了自身。

荷兰学者埃德（Yoni van den Eede）在其关于技术调解理论的分析中提出了技术调解的"透明性"概念。① 他认为，在不同的情境下，技术调解的"透明性"所指向的是不同的含义：在技术使用（use）中，技术调解的"透明性"主要是指使用者与技术的交互活动成为了透明的、被隐去的东西。这一状态类似于海德格尔的"上手"概念，即技术从使用者的关注中抽身而去，使使用者专注于自身与外部世界的互动当中；而在技术语境（context）中，技术调解的"透明性"主要是指技术中的文化和政治维度作为社会文化网络节点呈现出的隐蔽状态，这种隐蔽状态构成了对社会不平等现象进行分析和批判的新语境。

在埃德看来，这两种技术调解的"透明性"状态之间存在着一种张力：对于技术的使用者来说，他们主要关注前一种透明性，并且认为这种技术透明性越强越好，因为这种透明性指向的是技术的可用性，而透明性的中断意味着人们从与技术的"上手"状态中脱离出来，意味着使用活动及技术功能发挥的中断；然而，对于技术哲学家、伦理学家，尤其是技术批判主义者来说，他们更关注后一种透明性背后所蕴含的文化与政治意象。与此同时，这些技术批判主义者还希望通过降低技术调解的透明度来使人们关注到技术中蕴含的不平等的文化及政治因素，从而激发人们对技术的反思和质疑。

通过对两种透明性的区分，埃德实际上强调了一种对待技术调解的双重视角与伦理诉求，即在加强技术可用性、追求技术使用的透明性的同时，要提升对技术语境的透明性的敏感度。然而在埃德看来，这两种诉求在具体的实践中是相悖的：技术使用的透明性越强，技术语境的透明性则越高，也就越不利于人们对技术调解的关注与反思；而对于技术调解的关注，则会降低技术使用的透明性，从而会给使用实践造成阻碍。对此，维贝克持不同态度，他认为这两种透明性之间可以是互补的关系，即使用者对技术调解"透明性"

---

① YONI van den E. In between us: on the transparency and opacity of technological mediation [J]. Foundations of Science, 2011, 16 (2/3): 139-159.

的关注有助于其负责任地协助共塑技术的调解作用，从而实现自身作为道德主体的构建。①

根据以上分析，对技术调解作用的揭示实际上丰富了使用者的伦理责任，并为使用者承担伦理责任提供了认识论前提。而结合技术使用情境的关系图式，技术调解的透明与否，并不会削弱使用者应承担的责任范畴，只会通过对使用者关注点的影响而使其责任对象发生相应变化。

二、 技术使用的双重伦理建构

从内在主义技术伦理的视角来看，技术使用这一实践活动就是技术的伦理潜能得以实现的过程，是技术物作为人工道德能动体的最终完满。在这一伦理实践情境当中，技术通过对使用者的道德行动的调解而将其作为人工道德能动体的潜能变为现实，使用者则在对技术调解的应用与反馈中实现自身作为伦理型道德能动体的潜能。因此，从使用者的立场出发，技术使用阶段的伦理建构具有双重性，它既包括对具有明确道德指向性的技术"脚本"的接受与遵守，也包括对技术物进行的基于特定道德理想与伦理追求的创造性建构。从这一角度而言，使用者虽然无法在使用情境中拥有绝对的话语权，却也能够通过自身道德能动性的发挥来影响、塑造着自身及技术物的道德角色。技术使用阶段伦理建构的双重性分别对应于使用者与技术物的两种关系状态。因此，对应于技术调解在使用情境中是否透明，技术使用阶段的伦理建构可以大致分为以下两个层面。

(一) 透明性技术调解中的伦理建构

当技术调解在人的使用实践中呈现出透明性时，意味着使用者与技术物之间是一种"上手"状态，使用者的关注点和责任对象投向的是他者与外部世界。在这种实践情境中，使用者除了遵循有明确道德意向性的技术脚本，在技术的使用中实现预先嵌入的伦理价值，还应该发挥自身的道德能动性，通过秉持特定的伦理理念来实现技术的"善用"。而根据责任对象不同，使用者应该遵循和秉持的

---

① PETER-PAUL V. Expanding mediation theory [J]. Foundations of Science, 2012, 17 (4): 391-395.

基本理念也有所不同。

第一，在使用者对他者的责任中，技术使用的伦理理念突出表现为"公平使用"，即"人在使用技术满足自己某种需求时也要尊重他人使用技术满足自己需求的权利，不能损害他人的、集体的或者社会的利益，不能以他者利益的牺牲作为代价"①。由于技术使用的过程中必然涉及使用者对公共资源的选择、获取、占有及操作，尤其是对于那些公共资源紧缺或事关人的基本需求的技术领域来说，公平问题就显得尤为重要。具体而言，技术的公平使用包含两层含义：一是使用资源和信息的公平享用。鉴于技术使用者之间在知识结构和教育水平上存在着客观差距，使得一些科技含量较高的技术在投入应用后通常会首先被部分群体接受，并借此获取相关社会资源。对此，在确保自身利益实现的基础上，这些优势群体应该树立起"科学和技术信息本身就属于公共资源"②的意识，以友爱、互助、公平的方式与他人共享关于技术使用本身的信息和资源，从而实现对社会资源的共享。二是尊重他人的使用权利。人人生而平等，这是一条构建民主社会不言而喻的基本信条。而在技术社会中，这一信条意味着，每个人都平等地拥有利用技术不断丰富自身生命体验的权利与自由。因此，个体使用者在技术使用的过程中应当"以他人的、社会的正当利益为规定，并在承担责任、尊重他人利益的过程中体现自己的尊严"③，确保以合理的方式实现自我提升的自由权利。例如，互联网宽带技术中的公平使用原则，就具体表现为使用者在使用互联网宽带技术的同时，"不滥用、误用、虚耗、浪费或不公平利用数据服务以致损害或妨碍其他用户的网络体验"④。

第二，在使用者对外部世界的责任中，技术使用的伦理理念突出表现为"生态使用"，即技术的使用应当体现出对整个生态系统的

① 陈多闻. 论技术使用者的人性责任 [J]. 科学技术哲学研究, 2012, 29 (2): 58.

② STEVEN E, RAPHAEL K. Citizen groups and nuclear power controversy: uses of scientific and technological information [M]. Cambridge: MIT Press, 1974: 307.

③ 赵玲. 消费合宜性的伦理意蕴 [M]. 北京: 社会科学文献出版社, 2007: 8.

④ 鲁笛. 国际运营商移动互联网公平使用原则策略分析及对中国运营商的借鉴意义 [J]. 信息通信技术, 2012 (6): 18.

尊重与关护，不应因过分追求技术的工具效益和符号价值而造成对生态系统的不必要破坏。技术的生态使用理念同样包含着两层含义：一是技术的恰当使用。当前，可持续发展的理念已经深入到技术产品的设计、生产和推广的诸多环节，不仅技术设计者将保护环境、维护生态平衡的责任纳入到自身的职业伦理规范之中，并将其作为一种价值追求嵌入了技术产品之中，而且生产部门也在政府的政策引领和大力支持下积极贯彻可持续发展的理念，从而使得绿色技术、环保技术、生态技术、环境友好型技术等应运而生。然而，技术的这些环保功能在进入到使用环节之前，都只能处于预设的潜在状态，技术使用者的使用行为才最终决定了技术环保功能的真正实现。正如节能技术领域的"反弹效应（rebound effect）"所描绘的那样：无论是 LED 节能灯还是节能洗衣机，由于这种环保技术大大降低了使用的经济成本，反而激发了使用者们更为频繁和广泛的使用行为，最终导致技术的实际节能效果"被使用者使用频次的增加和使用范围的扩展所抵消"①。因此，"那种完全指望技术制造者或政府作为责任主体的策略是不恰当的"②，技术的使用者也应当被确定为积极的责任主体，通过其生态使用理念的树立与秉持来确保技术产品，尤其是可持续型技术的恰当使用，以切实发挥其预设的环保功能。二是技术的适度使用，主要体现为要避免过度消费和符号消费。在符号消费的语境中，技术产品"不再仅仅具有传统经济学所认为的'使用价值'和'交换价值'，而且还具有'符号价值'，它是级别、品味和社会身份的象征"③。因此，对技术的使用也脱离了人们的生存和身体需求，而更多地体现为人们的心理需求和象征性的符号使用。在这种情况下，技术产品的使用寿命不再仅仅取决于其物理功

---

① CEES J H M. Sustainable technology or sustainable users？［M］//PETER-PAUL V, ADRIAAN S. User behavior and technology development. Dordrecht：Springer，2006：191.

② 陈玉林，陈多闻. 技术使用者研究的三种主要范式及其比较［J］. 自然辩证法通讯，2011，33（1）：75.

③ 张卫. 符号消费时代的生态设计［J］. 自然辩证法研究，2014，30（11）：68.

能是否完好，还取决于它是否还能继续满足使用者的偏好及品味。① 许多技术产品会在其物理功能完好无损的情况下被使用者淘汰，仅仅是因为它们不再能够满足人们对技术产品背后的符号意义的心理需求，从而导致大量的自然资源在日益加快的产品更新换代中被浪费，生态环境也在处理淘汰品的过程中被污染。因此，生态使用理念的树立有助于提醒使用者，人们使用的所有技术产品归根结底都来源于自然资源的消耗，使使用者重新回到对技术产品的工具价值和物理功能的关注上，从而避免过度使用和炫耀性使用所造成的资源浪费和环境污染。

（二）不透明性技术调解中的伦理建构

当技术调解在使用实践中呈现出"不透明性"时，使用者将注意力转移到技术及自身受技术调解的使用行为上，使用者与技术物之间的关系状态从"上手"转变为"在手"，使用者的责任对象也从他者与外部世界转向了使用对象及自身的使用实践。在这一情境中，使用者的伦理实践主要表现为通过福柯的"自我技术"将自身构建为自身使用行为的主体，并在此过程中承担起对作为（潜在）人工道德能动体的技术物的责任。具体而言，要想在一个由技术调解所构造的、人与技术之间的界线日益模糊的现实境遇中，重塑自身不同于技术的主体性，使用者应当做到以下两点。

第一，建立认知基础，即具备对技术调解的觉知以及一定的技术知识，作为主体构建（subject construction）的认识论基础。使用者要想避免在与技术的互动中沦为盲目的行动者，将自身构建为自身行动的伦理主体，就必须具备一定的技术知识，了解自己是如何被技术调解的，以便在技术调解情境中对自身使用目的及使用行为进行反思。对此，技术调解理论为人们提供了一个系统完善的认知框架，借助技术调解理论中的诸多概念范畴——如知觉调解、行为调解等，个体使用者可以对隐匿在日常生活中的技术调解更具敏感性和洞察力，进而反思自己究竟要在与技术的互动中建立起何种被

① PETER-PAUL V. Materializing morality: design ethics and technological mediation [J]. Science, Technology and Human Values, 2006, 3 (31): 361-380.

调解的主体性。例如，一旦具备了"行为调解"的概念，购票者就能够有效地出识别购票大厅内安置的引导护栏和单向转盘对自身行为的调解作用——强迫自己按照护栏引导的秩序进行排队购票。在此基础上，购票者就可以进一步对技术调解的方式和目的进行反思：我是否认同按秩序排队的调解目的？这种"强制性"的调解方式是否合理？我应该如何应对这种调解？无论技术使用者是否认同某项具体的技术调解的目的及其方式，也无论他们将以何种态度和措施应对该技术调解，通过这种反思，使用者便可以从无知与盲从的状态中摆脱出来，从"盲目行动者"转变为"自觉行动者"，进而为重构主体性的实践提供可能。除了对技术调解的觉知，技术使用者还应该具备一定的技术知识，以应对主体构建实践中的诸种具体问题。根据技术物的"结构-功能"双重属性，这里的技术知识也包括两方面内容："一方面，它涉及技术物的物理（结构）特征，另一方面，它也涉及技术物的功能特征"①。这类知识"总是在特定的设计语境中孕育和生成，它也总是要在特定的使用语境中得到辩护并生存下去"②。因此，使用者应学会将这两种语境下的技术知识结合起来：不仅要在技术使用活动开始之前就对已然生成的技术知识有所把握，还应该在具备了对技术调解的觉知之后，对这些技术知识加以理解、反思、转译和建构，以确保技术使用情境下伦理主体建构的顺利实现。

第二，采取重塑行动，即采取行动以更积极的方式回应技术物对自身的调解性影响，从中建构起具有个体风格的技术使用实践。根据福柯关于规训权力下的生存美学的分析，即使现代社会的微观权力机制已经深入到了个体生活的方方面面，人们依然保有一种通过"自我技术（technologies of the self）"进行主体塑造的能力，即以一种审慎的、主动的、创造性的方式构建起与规训权力的关联，通过自我的力量，或他人的帮助，来调适甚至改变权力加于自身的

---

① PETER K. Technical functions as dispositions: a critical assessment [J]. Techné: Research in Philosophy and Technology, 2001, 5 (3): 106.

② 陈多闻. 技术使用的哲学探究 [D]. 沈阳：东北大学，2009：67.

规训，在此过程中实现自我的转变，建构起与权力共存的具有个人风格与生存美学的主体性。因此，面对技术调解的全方位影响，使用者要想重构自身受技术调解的主体性，关键在于主动伴随并重塑技术的调解作用，并创造出具有个体独特性的使用实践。具体而言，使用者可以通过以下两种与技术调解的联系渠道来建立自身的主体性：其一，通过"使用的技艺（techniques of using）"对技术进行驯化，以彰显自身的创造性和能动性。使用技艺的关键在于以审慎的态度去适应技术影响，并通过对技术的不断摆弄，尽可能地挖掘与技术的多种互动形式。根据技术驯化理论，技术驯化是技术物被使用者以符合自己习惯和实际的方式重新定义，进而确定人造物地位的过程。① 带有驯化意味的使用实践对于使用者而言是一个积极的实践过程：使用者并不必然地接受设计者的技术脚本，而是可以对技术脚本进行改写，提出自己的使用规划，形成具有个人风格的创造性使用方式。其二，在技术设计和评估阶段通过积极参与来主动塑造技术物对自身的影响。纵观某一具体技术物的发展全过程，无论是技术设计还是技术评估，这些在传统技术发展路径中由技术专家把控的领域，如今都呈现出了面向使用者群体的开放性特征，成为由诸多利益相关者群体共同参与的公共事务。对此，技术使用者应当积极投身其中，为建构一种健康、全面的技术使用情境而努力。这样的技术使用情境不仅有助于使用者"完整人性的孕育和成熟"，还有助于"让现代技术能够保持着与生活世界全方位的、多向度的通话，让技术在使用中实现其多种价值的融会贯通"②，从而勾勒出技术伦理实现内在路径中人与技术物的道德潜能共同彰显的和谐图景。

综上所述，在技术使用的实践情境中，使用者的伦理主体构建实际上包含了两个维度，分别对应于使用者与技术物的两种关系状态：其一为使用者在与技术的"上手"关系中承担起对他者、对外

---

① LIE M, SØRENSEN K H. Making technology our own? domesticating technology into everyday life [M]. Oslo: Scandinavian University Press, 1996.

② 陈多闻. 论技术使用者的人性责任 [J]. 科学技术哲学研究, 2012, 29 (2): 59.

部世界的责任；其二为使用者在与技术的"在手"关系中承担起的对技术、对自己的责任。在这种责任的主动承担中，使用者实现了道德性维度的伦理诉求，从中确认了自己作为伦理型道德能动体的道德身份，同时也为技术物伦理潜能的实现提供了实践支撑。

第六章

技术伦理实现内在路径的应用

当前，以人工智能、大数据为代表的新一轮科技革命及产业变革方兴未艾。然而，新兴技术在知识基础、市场应用等方面包含的大量未知信息直接导致了其具有高风险性。此外，围绕新兴技术还会引发关于风险认知、价值判断、利益分配等诸多争议与冲突。这意味着传统的由工程技术专家和政府主导的技术发展模式，以及对技术发展的末端治理模式已经无法应对新兴技术发展的高风险性和高争议性。因此，内在路径以其对技术价值的充分关注以及高度建构性特征，有助于克服因新兴技术的高争议性和高风险性而造成的科林格里奇困境。与此同时，为了确保新兴技术的向善发展，还有必要从内在路径出发，结合代表性技术的具体特征，对其伦理风险及潜能予以正确把握及应对，以促进新兴技术发展与社会进步的良性互动。

第一节　以内在路径消解技术控制的科林格里奇困境

一、科林格里奇困境的三维展开

随着现代技术逐渐构成社会发展的基本要素，技术发展所带来的社会后果愈发普遍，其在提升生产力和人们生活水平的同时也导致了一些难以消除的负面效应。因此，如何对技术发展采取有效的预测和控制成为技术伦理学关注的主要问题。英国学者科林格里奇（David Collingridge）在《技术的社会控制》一书中提出了关于现代技术发展的控制难题："技术的后果在其发展前期难以预测，故虽可以进行控制却不知如何控制；随着技术的发展成熟，其影响日趋明显，虽知如何控制却很难对其进行控制。"① 这一难题也因此被学界称为科林格里奇困境（Collingridge's dilemma）。

科林格里奇困境的内涵和前提预设可以被展开为三个维度：权力维度、知识维度以及时间维度。首先，权力维度预设了行动者在技术发展过程中进行权力介入的可能性，且这种行动者大都来自技术系统外部。科林格里奇认为，技术控制需要有强有力的社会主体对技术的发展过程进行干预，如议会、政府机构等社会组织，其以一种外在于技术系统的观点看待技术困境，同时具有对技术进行控制的合法性。其次，知识维度沿袭了知识论领域的经典因果论，即"对技术发展所了解的知识水平越高，那么对它未来后果的相关预测就越准确"②。这种观点实质上是将知识的确定性完全建立在线性积累基础之上，且忽略了技术发展和控制的过程中可能产生的对技术认识的改变，而仅着眼于在技术发展和控制的早期获得尽可能多的知识，并试图将这种知识当作客观普遍的认识用以指导技术控制实践。最后，时间维度预设了技术发展存在着时间序列上的早晚顺序。科林格里奇认为，在技术发展早期，人们往往对技术缺乏足够完备的认识和准确的预测，因而此时虽然易于控制技术后果但却不知是否应该控制或应该如何控制；在技术发展的成熟阶段，尽管人们对于技术的认识逐步加深，但技术已在其发展过程中逐渐渗透到了整个社会系统之中，此时人们虽然知道如何控制却囿于成本等问题而根本没有能力来实施控制。这实际上就是一种对于技术发展的早期控制或晚期控制的时间维度。

通过以上三个维度的分析可以发现，科林格里奇困境之所以会产生，是因为其建立在技术与社会的分离与对立之上，具有浓厚的外在主义视角。它将技术的发展看作一个封闭的系统，属于知识论、决定论的范畴；而社会对其的控制是外在于技术系统的，属于价值论、建构论的范畴。在这种情境下对技术的控制只能沿着两条进路进行：技术系统内部的自控制，或者技术系统外部的社会控制。然

① 邢怀滨，陈凡. 技术评估：从预警到建构的模式演变 [J]. 自然辩证法通讯，2002（1）：41.
② 肖雷波，柯文. 技术评估中的科林格里奇困境问题 [J]. 科学学研究，2012（12）：1790.

而，封闭的技术系统自身缺乏控制和反思机制，不可能在系统内部自生出对自身发展的控制力；而独立于技术系统之外的社会控制，意味着执行技术控制的行动者本身不参与到技术发展的过程当中，而是以一种外在于系统的视角看待和实施对技术发展的控制，这就导致了社会控制由于缺乏对技术系统的动态把握而缺乏实际效力。

因此，要想消解科林格里奇困境，首先就要将技术与社会的彼此分离转变为相互构建，以一种内在主义的视角看待技术发展，通过社会建构在技术发展系统的内部纳入控制性因素；其次要认识到科林格里奇困境同时表现出的知识性和价值性的双重维度。也就是说，科林格里奇困境的解决不仅在于对技术发展的特征和模式的分析、对技术控制的方法和路径的探索，其出发点更是一种对社会发展与美好生活的关注，其中所蕴含的是一种深层次的价值问题，即对"美好生活"的概念内涵、人类福祉和社会进步的范畴体现等问题的追问。这种知识与价值、实然与应然的双重维度在休谟那里就已经被证明存在着巨大的鸿沟，人们既无法从事实判断中得到价值判断的标准，也无法从应然判断中直接导出相应的行为。因此，对科林格里奇困境的知识性探讨并不代表能够解决关于技术控制的价值问题。在这种情况下，就应该将对技术控制的描述性研究和规范性研究结合起来，在知识性的解决方案中引入价值维度，从伦理学的视角出发对科林格里奇困境提供一种解决路径。

二、　科林格里奇困境的伦理解读

从技术伦理的内在主义视角出发，技术控制困境的三个维度呈现出了丰富的价值色彩和建构特征，构成了以内在路径在实践层面消解科林格里奇困境的理论前提。

在权力维度上，技术的控制主体体现为异质行动者之间的相互博弈。从打开了的技术黑箱来看，技术的设计情境和使用情境共同构成了技术物的存在场域，同时更处于广阔的技术-社会系统当中，从而使得技术物成为汇聚不同利益群体价值诉求的集合。这些利益群体不仅包括议会、政府机构、技术专家等直接的技术控制者和参与者，还包括作为资源行动者的自然资源、技术使用者、社会组织等。在技术控制的过程中，需要考虑到所有相关利益群体的诉求，这不仅仅是政府部门进行技术控制的职责所在，更需要这些利益群体主动参与到技术控制当中，通过积极的行动来表达自身的利益诉求。因此，从伦理学的视角出发，如何在协调好异质行动者之间的利益诉求的基础上达成技术控制的目的，是面对科林格里奇困境的权力维度时所要解决的问题。

在知识维度上，对技术的控制呈现出了多领域、多学科交叉的"田野"特征。这种"田野"特征的概括来自美国北德克萨斯大学的罗伯特·弗洛德曼（Robert Frodeman）教授。弗洛德曼认为，知识的生产应该面向知识的应用，即现实问题的解决。而现实问题往往涉及诸多学科及不同领域的参与者，这种复杂性构成了开展学术研究的"田野"。在传统的知识生产模式中，知识被划分为严密的学科体系，并且人们假定这种划分先天地能够与现实对应并建立联系。然而，就当下不断产生的现实问题及其复杂性而言，囿于学科范围之内的知识生产并不能保证与现实建立联系并产生实践效力，还往往"由于过分追求理论的严谨性而丧失了（与现实的）相关性、（哲学本身的）智慧以及更大范围的准确性"①。以此分析，科林格里奇困境在知识维度上所涉及的多领域、多学科交叉的特征，使其构成了技术控制的学术"田野"。这一"田野"不仅包括了不同领域的专家之间的跨学科交叉与合作，还包括了技术专家与非学术群体（包括政策制定者、公众、社会组织等）之间的价值冲突与沟通。因此，如何确保技术控制知识的跨学科生产具备实践效力，并将这种事实知识与价值导向结合起来，使技术控制的结果符合整个人类的福祉和长远发展，是从伦理学视角出发，面对科林格里奇困境的知识维度所要解决的问题。

在时间维度上，对技术的控制体现为对技术发展全过程的伦理嵌入。作为一个开放系统，技术在其发展过程中会由于诸多因素的影响而呈现出迭代建构的特征。技术、科学、社会、自然以及文化等因素处于相互缠绕的状态，构成了一张动态的"无缝之网"。这些因素之间无法明确划界，也不存在有始有终的单向时间序列。而之

① ROBERT F, JENNIFER R. De-disciplining the humanities［J］. Journal of Comparative Poetics, 2009（29）：62.

所以会形成科林格里奇困境，在时间维度上恰恰是因为传统的单向线性的技术控制路径难以把握技术发展过程中的迭代建构。在这种情况下，就应该将对技术的控制时间扩展到技术发展的全部建构过程当中，"从对技术前提与结果的静态考察转移到对技术发展的内部动态过程的考察上来"①。对于技术伦理学来说，要想解决科林格里奇困境，就应该将传统后思式的、批判性的伦理进路转变为前思式的、建构性的伦理研究，从对技术后果的反思扩展到技术发展的全过程之中，变技术"控制"为技术"治理"甚至技术"塑造"，最终实现技术发展与社会进步的最佳结合。

综合以上三个方面的分析，从内在主义伦理视角认识并解决科林格里奇困境，关键在于伦理因素直接介入技术的发展过程，尤其是技术的设计开发阶段。这种伦理介入一方面表现为依据伦理规范对技术发展过程中涉及的不同群体之间的价值冲突进行协调，另一方面则表现为将伦理道德因素作为技术设计开发的一个维度，对技术的发展产生价值导向作用。

三、 科林格里奇困境的内在解决路径

要想在实践层面解决科林格里奇困境，就必须从以上三个维度的核心问题入手，实现伦理因素对技术发展全过程的嵌入。具体而言，就是对技术物在不同道德层次呈现出的伦理意蕴及涉及的价值导向予以考量，并在此基础上将伦理因素整合到技术系统内部，以影响技术发展的方式达到技术伦理价值的改善或实现。对此，技术伦理实现的内在路径为在实践层面消解科林格里奇困境提供了系统的方法论。

在权力维度上，技术设计与技术评估这些原本由技术专家垄断的领域在内在路径中呈现出了开放性，为利益相关者的参与协商与博弈提供了制度性的沟通渠道。这些利益相关者可以划分为三种类型的行动者。第一种类型是技术行动者（technology actor），即与技术物设计有直接联系的行动者，如技术物的设计者、技术开发企业等。第二种类型是社会行动者（social actor），即在技术物的使用情

---

① 肖雷波，柯文. 技术评估中的科林格里奇困境问题 [J]. 科学学研究，2012（12）：1790.

境中所涉及的利益相关者，如技术的直接使用者、相关社会组织、政府机构等，其他企业和技术设计者也可以扮演这一角色，对技术物的设计进行反馈并施加社会影响。第三种类型是元层面的行动者（actors at meta level），这一类型的行动者主要负责沟通前两类行动者，以通过某种协商机制确保技术设计的结果能够尽可能地满足各方利益相关者的价值诉求。这类行动者主要包括技术评估机构、政府科技发展部门、企业的市场调研部门等。不同类型的主体对技术有着不同的价值诉求：一般情况下，技术行动者以技术的功能性及先进性为价值取向，而社会行动者则更加重视技术对社会文化、伦理道德、生活生产方式等方面的影响。而出于调解沟通的目的，元层面的行动者则会尽量采取全面、折中的价值立场。在开放性的制度框架中，这些利益相关者的价值诉求得以充分表达，通过前期沟通弱化了技术应用阶段的价值矛盾与冲突。

在知识维度上，"田野"哲学关于跨学科合作的研究为事实知识与价值导向的结合提供了方法论支撑，即一方面要扩展伦理视角与其他社会学科及现实领域的联系，从多种角度嵌入对技术治理的考察；另一方面要保持对问题的开放态度，从具体的问题出发自下而上地生发出对问题的理论分析框架，并重视非学术群体对现实技术问题的界定及解决诉求，而这些都需要技术伦理学家作为社会行动者在内在路径中的参与来实现。具体来说，要想解决不同利益主体的价值观冲突，避免使技术发展沦为唯权力或私人利益马首是瞻，就要求伦理学家利用其专业知识，协助元层面行动者构建起不同利益相关者表达价值诉求的对话平台和机制，扩展技术设计决策当中的民主性，实现各方价值诉求在不同语境下的转译。例如，制定技术专家与非学术群体进行对话的规则、语词系统，为开展对话进行前期的预交往准备，如澄清误解、消除信息不对称等。伦理学家一方面需要协助技术专家厘清公众利益诉求在技术设计情境下的具体体现；另一方面，则要帮助非学术群体实现技术设计背景资料与其个人生活道德体验的融合，为开展有效对话进行"生活常识"的准备。

在时间维度上，内在路径中的伦理伴随机制就是按照单个技术的发展过程而展开的。在技术设计的初始阶段，伦理考量就被视为一个核心要素。设计者不仅要考虑技术的功能性、效率性，还要思考这项技术是否符合伦理标准，是否会对社会、环境、人类产生负面影响。在技术设计阶段的伦理嵌入，意味着将具体的价值导向或道德规范嵌入到技术的物理结构或算法程序当中，使其成为技术功能的一部分，确保技术从一开始就符合伦理要求。随后，完成的技术设计方案或模型将进入试验环节，接受技术可靠性测评与应用前景及后果评估，以完善技术设计方案。由于技术伦理意蕴的凸显，在对技术的评估中会增加伦理视角，如专设伦理审查委员会，对技术活动的伦理合规性、技术成果的伦理风险，以及嵌入技术当中的价值规范进行审查与评估。接着，通过了审查的技术将被推广进入社会系统。而正如社会道德观念的变迁受技术调解一样，技术的道德角色也接受着来自社会伦理系统的调适：为了确保技术道德角色的顺利社会化，可以有目的地通过制度设计与引导、舆论宣传与监督、伦理教育与培训等方式，促成技术与社会价值系统的衔接与融合。最后，技术进入使用阶段并在与使用者的互动中发挥其各项功能。此阶段的伦理构建由使用者主导，通过主动识别并承担不同使用情境中的伦理责任，达成对技术在多元稳定中的"善用"。总之，通过技术设计阶段的伦理嵌入、技术试验阶段的伦理评估、技术推广阶段的伦理调适以及技术使用阶段的伦理建构，伦理因素被动态地整合到技术系统当中，从而确保了技术发展与社会进步的共同实现。

第二节 以伦理伴随应对人工智能的价值矛盾

一、 价值的三重属性：人工智能价值矛盾的本质

"价值"作为一个关系范畴，主要从三个维度展开。第一，客观性。价值作为人工智能自身的属性，存在于智能体之中。第二，主观性。人工智能具有的使用价值取决于使用者，由使用者的需要来决定。第三，主体间性。即人与人工智能之间的满足关系。人工智能的价值矛盾是指人工智能的潜在价值是多样性的，其社会应用所

带来的价值结果也具有多样性。人工智能的价值矛盾源于它与人的关系，这种关系是在人工智能技术自身的价值与不同个体价值诉求之间的互动和构建中形成的，表现为多样性价值目标。

人工智能在自我规定的同时，也接受来自人和社会的规定以保证其社会化的可能：人和社会接纳人工智能技术以推动社会的发展、观念的更新和人类的自由进步；同时，在具体的实践语境中，人、人工智能、具体环境三者之间是互动开放的，所构成的关系也并非主客体关系，而呈现出一种"主体间性"，形成的是一个共同体，其中不同个体将各自不同的价值倾向赋予人工智能，造成了智能体价值承载的多样性；人工智能将接收到的多样性价值诉求又以某些方式反馈给不同个体和环境，培育和强化了价值目标的多样性；在人、人工智能、实践语境之间的复杂互动中构建和强化了人工智能价值的多样性。离开实践语境，所理解和把握的人工智能、人及其相互价值关系是抽象的，要么沉入经验世界而失去内在的统一性，要么脱离经验世界而极度膨胀，造成对人工智能价值或完全接受、或完全拒绝的极端态度，难以形成理性的审度。事实上，人对自身的认知不能脱离具体环境和对象及其作用，只能是对对象、环境与个体认知的复合和结晶。

当前，人工智能正以各种各样的形式进入到现实生产、生活的具体实践语境中，而实践语境中的具体因素各不相同，且不断发生着变化。正是在这种多样性的外在因素不断涌入的情况下，人工智能与人的关系不断复杂化，"技术要素并不能单独决定技术设计过程和确定技术代码，社会要素不可避免地参与到技术设计过程中"①。不同社会因素的涌入意味着人工智能需要容纳不同的价值诉求，这种因为社会文化的多样性和个体需要的差异造成的不同价值诉求，使不同利益相关者对人工智能会形成完全不同的价值认知。市场中的企业以获取竞争优势和超额利润为主要诉求，不会公开所掌握的人工智能相关优势知识和技术，尤其是以客观中立面貌出现的算法，隐含着研发者的价值意图；作为社会管理者的政府，以开拓新兴产业和改造传统产业为主要诉求，先进国家希望保持技术优势，发展

---

① 刘永谋. 安德鲁·芬伯格论技治主义 [J]. 自然辩证法通讯，2017，39（1）：127.

中国家则希望实现弯道超车；人工智能的研究者（科学家）倾向于研究人工智能的特殊问题并给予理论解答；人工智能的开发者（工程师）倾向于设计出现实的智能体以解决实际问题；而作为人工智能技术使用者的公众关注更多的是这一技术所带来的便利和风险。不同利益相关者对人工智能的不同价值倾向构造了人工智能价值的多样性。

人工智能是处于实践语境中的技术，因而，实践语境不仅是人工智能技术诞生和发展的场所，而且实践语境中多样性的构成因素赋予了人工智能实现多样性价值目标的可能。因为人工智能的所有利益相关者都存在于具体的文化社会背景中，多样性的价值观念、思维习惯、行为方式和知识背景等构成的社会文化语境必然会传递到人工智能技术的各个环节和方面，造成复杂的价值矛盾。同时，现实的社会本就是由各种价值关系建构起来的。"指导任何人类群体行为的具体知识，从来就不是作为一个稳定而严密的体系而存在的。它只以分散的、不完美和不稳定的形式，存在于众多个人的心智中，一切知识的分散性和不完美性，是社会科学必须首先面对的两个基本事实。"① 因而，在具体人工智能技术价值的认知和研判中，无法排除其中的主观性和价值诉求的分散性。不同利益相关者就具体人工智能技术即便达成了一定的价值共识，但这种共识也是短暂的。因为共识建立在一定的科学性和经验性基础之上，科学知识处于不断发展和更替之中，经验知识更是变动不居，因此价值共识只能在一定范围和阶段有效，强化了人工智能价值的多样性。

二、 在多元中寻求共识：应对人工智能价值矛盾的前提

面对多元价值冲突，对人工智能进行价值嵌入的第一步就是要找到价值的最大公约数，即坚持以人为本的原则，通过技术进步促进人的自由而全面的发展。对人工智能的道德角色予以肯定体现了一种具有后人类主义色彩的人本关怀。虽然后人类主义是在对人本主义进行反思和批判的基础上产生的，但它并非一种"反人本主义"。相反，后人类主义和人本主义都认可应当"一视同仁地关怀人

---

① 弗里德里希·A. 哈耶克. 科学的反革命 [M]. 冯克利，译. 南京：译林出版社，2012：26.

类生命"①，给予人类普遍的尊重和关照。因此，无论人工智能的自主性与类人性如何发展，对人工智能进行价值嵌入的出发点只能也只应是人类，是人类作为一个种群的存在。与此同时，不同于二元论框架下的狭隘人类中心主义，后人类主义具有强烈的关系本体论与去中心化倾向，它所建构的新型主体强调异质性、多元性和交互性，是一种多元平等的主体间构成。因此，从后人类主义视角出发的人本性原则强调要在与智能机器的交互关系中认识人类整体的价值本位性。

鉴于此，在多元价值冲突中坚持人本性原则，一方面要求聚焦"整体的人"，强调关注人类的整体利益和长远利益，在人工智能的算法设计、数据处理中嵌入对人类尊严的维护以及对技术风险的防控；另一方面，要在以人为本的基础上"定位二者在价值谱系中的相对位置"②，通过对人工智能进行道德训练而适当地赋予其特定的"道德能动性"，使公共伦理规范的范畴能有效覆盖人类实践活动不断扩张的边界。对此，可参考北京大学国家机器人标准化总体组提出的"中国优化共生设计方案（Chinese optimizing symbiosis design programme，COSDP）"。所谓"优化共生"，即"整合与包容的最优先性，人类经验的整体性和生态性特征，在环境中所有事物的阴阳相生，通过共享多元渴求在和谐中最大可能地保留差异，以及既非僵化也非目的论式的生生不息的自然、社会和政治秩序"③。这一方案旨在建立一套"去人类中心主义"的伦理系统，在人工智能的研发与创新中充分融入对多元价值的尊重和对共生结构的优化。在这一方案中，世界的良性秩序构成了可以整合不同伦理传统的整体论含义的善，并被具体化为多元、自然、正义、繁荣四重元向度。

在价值共识的基础上，还应认识到人工智能的价值矛盾是客观存在的。与历史上的所有技术革命一样，人工智能的应用会带来世

---

① 郑作彧. 物–人关系的基本范畴：新唯物主义社会学综论 [J]. 社会学研究，2023，38（2）：76.

② 赵瑜，周江伟. 人工智能治理原则的伦理基础：价值立场、价值目标和正义原则 [J]. 浙江社会科学，2023（1）：110.

③ 北京大学国家机器人标准化总体组. 中国机器人伦理标准化前瞻：2019 [M]. 北京：北京大学出版社，2019：42.

界图景的转变并重塑人类社会的生产生活方式，社会利益的分配格局，伦理规范也会因此受到冲击。协调人工智能的价值矛盾和利益冲突，既有助于技术革命的顺利进行，也能更好维护社会的公平和正义。当然，单个的利益主体很难解决这种复杂的社会情况，需要各个主体之间的协商合作，确立共同的目标，在人工智能产品的推广与应用环节中充分互动，以实现公共利益的最大化。因此，问题的关键不在于完全消除和避免价值矛盾，而是如何将这种矛盾限定在合理的范围内。由于人工智能在经济社会和个人生活中的影响是深刻和广泛的，且其中的因果联系难以明确，责任者的确定将极其困难。同时，由于人工智能通过自主学习形成极具个性色彩的行为模式，而非简单地模仿人类行为，不能仅仅将人工智能的行为理解为其创造者和使用者（即人）的意志表达。因此，用于规范人类行为的传统机制遭遇到了窘境：如果让人工智能的设计者或者使用者为其所造成的后果负责，则对设计者和使用者并不公平；如果要将责任归于智能体，又会遇到如何向一个并非完全行为主体的机器追究责任的问题。此外，人工智能所带来的新议题，比如：算法能否享有言论自由、数据所有权的归属问题、人工智能加剧的知识权力问题、人工智能对工作岗位替代造成的就业压力问题等，随着人工智能技术向社会各领域的推进而逐渐凸显，却无法在传统机制和程序上得到合理恰当的应对。

综上，作为具体的、现实的技术，应对人工智能带来的价值矛盾更需要实践智慧。由于人工智能内在地包含着价值目标，应对价值矛盾需要采取事先预防的原则，通过对时间、空间以及环境等条件的掌控，遵循恰当的原则应对和治理具体的价值冲突，即从实践语境中的具体观察和认知入手，对价值矛盾的潜在冲突形成预判，在冲突显现之前采取行动，尽量将价值冲突限定在可控范围内。

三、 伦理伴随：应对人工智能价值矛盾的实践路径

价值诉求的多样性使得人工智能蕴含着不同的价值目标，形成了人工智能的价值矛盾。将这种价值矛盾及其造成的冲突限制在一定程度和范围内，以保证人工智能的主流价值目标与多样化价值诉求实现融通，则需要通过技术层面和社会层面的共同应对。

（一）技术层面：人工智能的价值嵌入与评估

技术设计是一种创造性活动，技术的基本物理结构和功能在这种创造性活动中得以基本确定，价值规划也基本完成。技术设计中的价值嵌入意味着让技术物担负人类的价值意向，使其符合特定的价值诉求，通过功能的发挥得以实现。在人工智能技术设计上，通过价值嵌入，可在一定程度和范围内预防价值矛盾的凸显。算法与数据是人工智能的基石，因而围绕算法和数据建立和完善人工智能价值矛盾的应对机制，才能够抓住根本。就算法而言，它是人工智能的行为决策程序，而且蕴含着一定的价值倾向，算法制定者与其他相关者群体在价值诉求上存在的矛盾需要协调。以大数据为基础的学习机制是人工智能技术的另一个支撑点，在价值层面上需要关注数据价值的分配、安全和隐私等问题，需要重点关注不同价值之间的平衡、数据分享和应用的规范等。

在价值嵌入完成之后的试验环节，价值评估不能缺位。这个环节关注的是群体层面的价值效应，即"将技术作为社会运作及生活世界的正常组成部分，探讨如何以一种负责任的方式来对待新技术"①。价值评估是对价值目标的可取性事先进行主动的分析和建构，主要包括分析和预测人工智能技术对经济、社会、产业及相关群体的价值效应，追溯和澄清智能技术价值效应中的冲突和矛盾，提出在群体中能够普遍认可和接受的价值共识框架。可见，价值评估是在试验阶段对人工智能技术未来可能的价值效应进行全面系统的预测，并判断在不同个体之间在何种程度上能够达成共识。人工智能在缺乏强有力的统一价值规范的情况下，只有获得利益相关者认可的共识才真正具有作为行为规范的有效性。因此，这一阶段的关键在于为规范性共识的形成提供一个开放、透明、知情的协商平台。在这个平台上，不同价值个体对共识框架的合理性以及新出现的问题进行讨论和协商。这种讨论和协商的持续拓展，有助于不同个体准确表达自身的价值诉求和对其他个体价值诉求的理解和包容，在这种充分的表达、理解和包容中所达成的价值共识有助于预防价

---

① PHILIP B. Philosophy of technology after the empirical turn [J]. Techné: Research in Philosophy and Technology, 2010, 14 (1): 36-48.

值矛盾的显现和激化，将价值冲突限定在一定范围内，而且对不同个体价值诉求的尊重也能够吸引更多利益相关者的参与，在讨论和协商中增强对人工智能的认知和理解，提高参与主体的技术素养，革新其价值观念，缓解由于对人工智能的非科学认知而产生的焦虑和抵抗。

当然，作为第四次工业革命的标志性技术，人工智能既具有一般技术的本质——人类认识并改造世界的调解者，又具有从类人化特征中生成的特殊性，对人工智能设计的价值嵌入与评估需要综合考虑以上两种特性。对此，可参考欧盟人工智能高级专家委员会（High Level Expert Group on Artificial Intelligence，AI HLEG）于 2019 年发布的《可信赖的人工智能伦理准则》①，其中提出了可信赖的人工智能系统应满足的七项核心要素（如图 6.1 所示），包括：

（1）人的能动性和监督：人工智能系统应通过支持人的能动性和基本权利以实现公平社会，而不是减少、限制或错误地指导人类自治。

（2）技术稳健性和安全性：值得信赖的人工智能要求算法足够安全、可靠和稳健，以处理人工智能系统所有生命周期阶段的错误或不一致。

（3）隐私和数据管理：公民应完全控制自己的数据，同时与之相关的数据不会被用来伤害或歧视他们。

（4）透明度：应确保人工智能系统的可追溯性，使得人们能够理解其决策过程。

（5）多样性、非歧视性和公平性：人工智能系统应考虑人类能力、技能和要求的总体范围，并确保可接近性，避免歧视。

（6）社会和环境福祉：应采用人工智能系统来促进积极的社会变革，增强可持续性和生态责任。

（7）问责：应建立机制，确保对人工智能系统及其成果负责和问责。

---

① High Level Expert Group on Artificial Intelligence. Ethics guidelines for trustworthy AI［EB/OL］.（2019-04-08）［2024-05-15］. https://digital-strategy.ec.europa.eu/en/library/ethics-guidelines-trustworthy-ai.

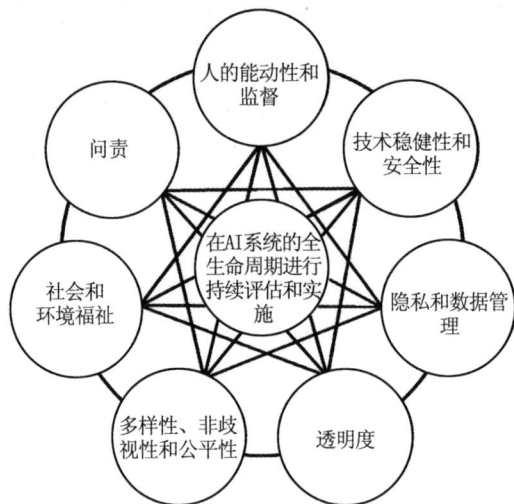

图 6.1　可信赖的人工智能应满足的七项核心要素图①

　　这些核心要素是"以人为本"价值共识的具体展开，旨在确保人工智能技术的安全和可信度，也构成了对人工智能全生命周期进行价值嵌入与评估的基本依据。

　　（二）社会层面：人工智能的价值调适与整合

　　人工智能的社会化是技术与社会系统的相互构建过程，也是社会系统接纳人工智能并给予它一定社会角色的过程。就此而言，人工智能要顺利完成社会化，必须充分考虑社会因素的影响，尤其是其规划价值需要依据社会主流价值进行调适，增强与社会主流价值的相容性。正如社会价值观念的变迁受技术导引作用一样，人工智能的社会化也接受着来自社会的价值调适，通过制度安排、舆论引导和教育塑造，营造出有利于发挥其价值调节作用的社会氛围。在制度途径上，人工智能的价值调适需要政府的积极参与。政府作为国家意志的执行者，可以通过制定法律法规、伦理准则、国内乃至国际标准，并成立监管机构，将社会主流价值选择转化为制度安排，并依靠国家的强制力予以引导和规范。在舆论途径上，社会要营造良好舆论环境，以扩展人工智能产品的接受范围，发挥其价值导引

① 资料来源：欧盟《可信赖的人工智能伦理准则》。

作用。媒体在舆论引导中发挥着重要作用，通过组织深入报道和专家访谈，可以引导公众正确认识人工智能的潜力、风险和伦理问题，为形成社会共识奠定智识基础。此外，企业在舆论引导中也扮演着重要角色。当前许多人工智能研发的领军企业，如谷歌、阿里巴巴、腾讯等，已经公开承诺将遵循人工智能伦理原则，并定期发布人工智能透明度报告，以提高公众对技术的信任。教育塑造则是对与人工智能体相关的决策者、设计者、建造者和使用者在价值观上进行持续性的宣教，将社会主流价值目标融入他们的思想观念中，以形成共同的价值选择，从而在与人工智能的良性互动中实现对人工智能的价值调适。

实现社会化的人工智能将进入使用情境，与使用者发生互动，规划价值与实现价值在互动中实现整合。使用情境中的人工智能，既可以通过调解使用者的行为实现规划价值，也为使用者以规划价值为基础实现个体价值诉求提供了可能。因此，人工智能应用中的价值整合，既包括对具有价值意向的规划价值的接受与遵守，也包括对人工智能进行的基于特定价值诉求的创造性建构。从这一角度看，尽管使用者并未直接参与设计人工智能的规划价值，但在使用情境中能够以个体的价值诉求影响和塑造人工智能价值目标的实现，如使用者以大量的学习数据塑造人工智能的个性化行为模式等。在这个过程中，使用者既要充分发挥自己的创造性，又要以审慎的方式建立与人工智能的关系，对其进行符合个体自身价值诉求的改进。使用者并非仅仅接受人工智能的规划价值，而是以此为基础进行改写，从而形成具有个人风格的创造性的人机互动实践。人工智能呈现出面向使用者群体的开放性特征，使用者群体共同为建构一种健康、全面的技术使用情境而努力。

对于人工智能的价值矛盾和冲突而言，除了着眼于技术和社会路径的应对外，还需要注重全球层面的应对。在国际人工智能技术研发和应用过程中，部分国家和地区于高新技术上的保守主义和贸易保护政策严重阻碍了人工智能技术的深层次合作。因而需要继续推动世界各国，尤其是技术发达国家充分尊重其他国家发展实际，共同反思人工智能技术展现出来的价值矛盾。针对其中的重大价值冲突和挑战，要以双边或多边方式协商解决，在尊重价值观的多样性和平等性的基础上，推动构建全球化的应对机制。

第三节 以调解理论透视数字技术的权力布展

一、从机器到网络：技术的全面宰制

当技术宰制了社会并造成了人的异化时，人类如何从中实现突围并重掌主宰自己生活的权利？这并不仅仅是工业革命时期技术力量初现时卢德主义者们的困境，同样也是当下每一个被卷入数字化浪潮但又不甘于随波逐流的个体所面临的境遇性难题。长久以来，技术哲学的人文传统关注人类技术生活的境遇与命运，对技术的社会–政治批判更是聚焦于对技术权力的探讨和批判。吴国盛教授在《技术哲学经典读本》中说："在技术的社会学批判和政治学批判路线上，人们或多或少地认识到：技术是一种在现代社会渗透一切的、起支配性作用的'现象'；技术不是属人的工具，不是人用来追求达到某种目的的手段，不是简单的改造世界，而是意识形态，是对世界的构造，是具有相当自主性的不以人之意志为转变的东西。"①

作为"技术哲学中社会–政治批判传统的开创者"②，马克思对技术权力的分析和批判聚焦于作为生产工具的技术在劳动过程中所发挥的作用，其实质是资本对活劳动的控制与支配。在机器大工业时代，劳动过程被分解为机器生产流水线上的不同环节，被缚于流水线上的工人的劳动也随之被切割并还原为简单重复性的机械操作，由此产生了最初的技术异化——作为劳动工具的机器与作为劳动者的人发生了位置对调，即"不是工人使用劳动条件，而是劳动条件使用工人……变得空虚了的单个机器工人的局部技巧，在科学面前，在巨大的自然力面前，在社会的群众性劳动面前，作为微不足道的附属品而消失了；科学、巨大的自然力、社会的群众性劳动都体现

---

① 吴国盛. 技术哲学经典读本 [M]. 上海：上海交通大学出版社，2008：7.
② 吴国盛. 技术哲学经典读本 [M]. 上海：上海交通大学出版社，2008：6.

在机器体系中，并同机器体系一道构成'主人'的权力"①。随后，法兰克福学派将对技术权力的批判延伸至意识形态领域。在马尔库塞看来，技术的力量不仅仅体现在机器体系对劳动者和劳动过程的控制上，更用一种强有力的进步逻辑取消了理性的本质，使其异化为技术理性。在这种异化的理性中，技术的需要被转化为人的需要，并被用来控制人的行为，导致人的自由和反思能力的丧失。然而，以上技术权力发生在机器大工业的时代背景下，尽管技术理性在法兰克福学派的批判中有上升为统治整个社会的意识形态的趋势，但这一时期，技术的宰制效力还是以劳动过程为主轴，主要发生在生产环节，同时伴随着商品经济的导向，是对作为劳动者的人和作为消费者的人产生的奴役。这也意味着在工作和消费之余，还存在着一些尚未被技术所侵染的领域，例如人的审美、创作、情感活动等。这也是马尔库塞将解放的可能性寄托于人的新感性的原因所在：通过将奴役人的技术艺术化去建立一种新感性，用新的感性方式去看、去听、去感受所出现的事物，让现存事物在新的维度上重现自由的属性。

20世纪下半叶以来，一股以电子信息技术为发端的数字化浪潮逐渐成型，并裹挟着大数据、云计算以及人工智能等技术席卷全球，迅速嵌入了社会生活的各个领域。如埃吕尔所说："现代技术已经作为一种新的、特定的环境嵌入人类的生存结构，政治、经济、文化等所有社会现象无一例外都会置身其中。"② 这种数字化形态使技术权力再次扩大了其宰制范围，实现了对生命本身的统治和整个社会的工厂化。那么，数字技术对生命和社会的全面宰制是如何生成的呢？对此，可以借助意大利自治论马克思主义学派（Italian Autonomist Marxism）对数字资本主义时代生产方式及劳动过程的分析：资本借由"互联网+"升级了对传统物质劳动的剥削，更实现了对非物质劳动（immaterial labor）——人的情感、智力、信息与交流等活动的实质吸纳，并通过将其转化为商品纳入资本主义的生产流通之

① 马克思，恩格斯. 马克思恩格斯文集：第5卷 [M]. 北京：人民出版社，2009：487.

② JACQUES E. The technological order [M] //JOHN G B, MARSHALL C E. Technology and change. San Francisco：Boyd & Fraser Publishing Company，1979：13-14.

中，最终实现了对个体生命和整体社会的全面宰制。

因循马克思的劳资分析框架，数字技术权力实际上是通过"数据化"机制扩大了资本能够吸纳的劳动力范畴。在大工业时代，"工人被当作活的附属物并入死机构"①，机器吸纳的只是工人的身体，通过对工人的操作工序和肉体上的规训使其成为能够满足机器高效运作的"有意识的构件"。然而，在数字资本主义生产体系内，一切生命活动和社会活动都被数据化了，由此形成的"一般数据（general data）"成了"一种支配产业布局、投入、运营的指挥棒，成为攫取利润的数字资本（data capital）"②。意大利自治论马克思主义学派的代表人物奈格里（Negri）对"实质吸纳"概念的扩展可以被用来描述这种数字技术的全面宰制。一方面，劳动者积累的知识、技能等被提取并编码进而吸纳进了生产技术体系中，由此造就的自动化生产流水线反过来彻底取代了工人的操作；另一方面，由于信息技术的普及，一般用户在使用互联网产品时产生的所有数据都被记录、储存并加以分析，进而被用以引导用户的消费行为、指导商家的生产策略，从而"创造了一个真正控制论意义上的生产与消费的循环"③。在资本与数字技术的共谋下，劳动者从传统产业工人扩展到一切互联网用户，劳动形式也由传统的物质劳动延伸至非物质劳动领域，即以文化产品制造、信息交互、情感反应等为主要形式的对一般数据的生产。这就意味着，在数字劳动中，"工人的工作场所已经不限于实体工厂，而是延伸到了社会各领域。人的再生产过程也直接成为生产过程，生命与劳动混沌不分，一切生命时间都要成为劳动时间，一切生命活动或社会活动都要成为劳动"④。就此而言，只有能够以数字编码形式存在的事物——无论是人的肉体活动还是精神活动——才能在数字资本主义社会中获得存在的坐标和意义。

意大利自治论马克思主义学派对数字权力的解读沿袭了政治经

---

① 马克思，恩格斯. 马克思恩格斯文集：第 5 卷 ［M］. 北京：人民出版社，2009：486.

② 袁立国. 数字资本主义批判：历史唯物主义走向当代 ［J］. 社会科学，2018（11）：119.

③ 袁立国. 数字资本主义批判：历史唯物主义走向当代 ［J］. 社会科学，2018（11）：119.

④ 夏永红，王行坤. 机器中的劳动与资本：马克思主义传统中的机器论 ［J］. 马克思主义与现实，2012（4）：59.

济学批判的视角。然而，鉴于数字技术对人类生命的全方位"卷入"，有必要从更为根本的存在论层面加以分析。从存在主义现象学技术哲学的视角来看，人的存在是一种"在世之在（being-in-the-world）"，而技术作为一种解蔽方式，构成了对人的存在的一种揭示。然而，不同于传统技术对存在的完整性的展现，"在现代技术中起支配作用的解蔽乃是一种促逼"①，它对人和自然提出蛮横要求，不仅将自然"预置"为可供技术系统持续提取与利用的资源场，而且"促逼"着人作为一种"人力资源"参与到对自然的开发利用之中，从而使人和自然都成为了服务于现代技术网络运作的"持存物"。海德格尔用"座架（Ge-stell）"一词来概括现代技术的这种促逼性的展现方式，其实也准确地揭示了数字技术权力的实质。在数字技术的"座架"中，个体的"在世之在"被"预置"为可被还原、提取并编码的一般数据的来源，甚至它还会"促逼"着个体持续地参与到在线活动当中，以便源源不断地制造出可供信息技术网络运作的数据资源。

二、 调解：技术权力的微观生成机制

无论是从政治经济学批判的视角揭示出的数字技术对资本主义社会整个生产消费循环的控制，还是从存在主义现象学技术哲学角度解读出的数字技术"座架"对人的存在的促逼，都是在整体上勾勒数字技术的权力布展图景。但显然，数字技术权力的布展方式更接近于福柯揭示出的规训权力，它可以在微观层面上对每一生命个体施加影响。对此，维贝克的技术调解理论恰好为人们提供了一套分析数字技术权力运作机制的概念工具箱。

根据技术调解理论，技术调解的对象是人们的认知和行动，这种非中立性的影响在现代技术社会中无处不在。由于技术在人与世界的认知关系中发挥着调解作用，使得在某些情境下，人要想感知和理解外界信息，需要首先经过技术的"转译"。尤其是随着人类认知实践的不断拓展，一些探测技术同时具备了感知与展现两种功能，

---

① 马丁·海德格尔. 存在的天命：海德格尔技术哲学文选 [M]. 孙周兴，编译. 杭州：中国美术出版社，2018：141.

使得人们对特定领域的认知必须建立在技术转译的基础上。例如，只有借助数字传感器，才可以将探测到的微观世界的非电学量转换成数字输出信号以供人们解读。而且，这种"转译"并非全然中立，而是存在着"放大"与"缩小"的机制，即现实的一些属性会通过技术物得以呈现或放大，而另一些属性则会被缩小甚至遮蔽。例如，汽车导航系统在提供最佳行车路线的同时，会重点感知前方路况以及最近的加油站、饭店、旅馆等，其他肉眼可见但与行驶无关的信息则会被屏蔽。此外，在技术的行为调解中，技术物会通过"脚本（script）"规定着使用者的行为。与知觉调解的非中立性转译类似，技术的行为调解也存在着"激励"与"抑制"的机制，即某些行为会被技术唤起或激励，而另一些行为则被抑制或削弱。例如，一些短视频平台的成瘾设计会"激励"使用者长时间观看，而算法推荐所造就的信息茧房则"抑制"了使用者对多元信息的探索。

由此，福柯意义上的"权力"便产生了——"只是在一些行为向另一些行为施展它的时候，只是在它运作的时候，权力才存在"①。具体而言，技术调解在三个层面上构成了福柯意义上的"权力"：其一，"权力的施展是一种行为引导（conduct of conducts）和可能性的操纵"②。借由非中立的技术调解机制，技术物能够对人们的行为选择产生或直接或间接的干涉、控制或塑造。其二，"权力只有在自由的主体身上，并且只是在他们自由的情况下，得以施展"③。这种自由具体表现为多种可能性，即主体具有多种行为选择、多种反应方式，即使在被调解的情境中，也可以通过挖掘与技术的多种互动形式来彰显自身的主体性与多样性，维贝克将其称为"使用的技艺（techniques of use）"。其三，"权力关系根植于整个

<hr />

① 米歇尔·福柯. 自我技术：福柯文选Ⅲ [M]. 汪民安，编译. 北京：北京大学出版社，2016：127.

② 米歇尔·福柯. 自我技术：福柯文选Ⅲ [M]. 汪民安，编译. 北京：北京大学出版社，2016：129.

③ 米歇尔·福柯. 自我技术：福柯文选Ⅲ [M]. 汪民安，编译. 北京：北京大学出版社，2016：130.

社会之网"①。技术的调解作用虽然发生于使用情境，但却是通过设计环节被预先设定的，不可避免地渗透着设计者的意图，人与技术搭建起了拉图尔所谓的"行动者网络"，其中体现着各种各样的社会权力关系。

当人们借助技术调解理论对某项具体的数字技术进行分析时，会发现不同的数字技术对使用者施加权力的模式——技术调解的方式——也是不同的。例如，消费者在进行网上购物时，一旦检索了某种商品，那么在随后的一段时间内，购物页面甚至其他的网络平台就会持续进行同类商品的推送。甚至，购物网站还会根据消费者的搜索和消费记录，进行消费者画像，以便实现精准推送。因为有相关心理学研究表明，"有针对性的信息比普通信息能够更加有效地影响人们的态度和行为"②。得益于心理学研究与计算机科学技术的交叉融合，以及大数据技术的加持，这种精准营销的应用目前已经相当成熟和普遍。这类技术的调解方式主要是针对于消费者认知的劝导性调解或诱导性调解，换句话说，其权力运作的模式是通过推送个性化的信息来有针对性地影响消费者个体的认知和选择。除此之外，数字技术还可以通过情境式调解来施加其影响。例如，基于移动互联网、大数据、算法技术的综合应用，网约车司机、外卖骑手、网络主播所处的就业平台显然构成了一个类似于"圆形监狱（panopticon）"的劳动场景，其发挥作用的方式并非仅仅是针对于平台劳动者的精准控制，更是通过营造全过程的监控环境，使身处其中的工作者时刻感受到被监督的压力，从而迫使劳动者自觉规范自身行为，服从平台监管。此外，需要注意的是，在现实生活中，数字技术权力运作的方式并非单一的，在大多数情况下是多种调解方式相互叠加的效果。例如，在数字平台对外卖骑手的调控与监管中，还会通过收集并学习大量骑手的行为数据，来实现对算法系统的优化和迭代，从而在精准调控中"制造"出骑手对平台算法的认同；还会通过排名升级与奖励驱使外卖骑手参与"赶工游戏"，实现

① 米歇尔·福柯. 自我技术：福柯文选Ⅲ [M]. 汪民安，编译. 北京：北京大学出版社，2016：134.

② 张卫，王前. 劝导技术的伦理意蕴 [J]. 道德与文明，2012（1）：103.

情景式调解和劝导式调解的结合。

通过以上分析可以看出，通过技术调解的微观权力，数字技术在以更加隐蔽、全面且彻底的方式对人们施加着控制与操纵。首先，数字技术权力的隐蔽性建立于数字技术调解的"透明性"上。这种透明性一方面基于算法本身所具有的隐匿性和复杂性，另一方面则根源于使用者与数字技术之间的"上手"状态：对于一位娴熟的数字技术使用者而言，手机、电脑、穿戴式电子设备等不过是其随时接入数字世界的端口，网络平台、应用程序等则是其认知世界或展示自身的媒介，数字技术的调解作用就此成为了透明的、被隐去的东西。沉浸于数字世界当中的使用者，很难觉察到数字技术凭借成瘾性设计、个性化推荐等对其认知或行为进行的引导或操控。其次，数字技术权力的全面性建立在数字技术调解的个体性（individuality）上。技术调解尽管也包含了对群体层面的社会实践及解释框架的调解，但其核心机制发生于个体与技术之间的互动。在数字时代，智能手机成为了生活的必需品，快速实现了全面覆盖，"个人不仅依靠数字媒介维持生计，也依靠数字媒介进行生活"①。在此基础上，数字技术凭借着对使用者个人数据的抓取与分析，能够以更加精准的方式去预测和调整使用者的认知和行为。祖博夫（Shoshana Zuboff）将这种配合"行为修正主义"的监控手段称为"机械控制主义"——"他们提供的机械化自动装置，不仅能预测我们的行为，更能大幅调整我们的行为"②。最后，数字技术权力的彻底性在于技术调解结合数据化机制所造成的"虚体（vir-body）"构成了"数字化网络最基本的存在单元"③。借由调解作用，技术参与共塑了人们解读世界（认知）与呈现自我（实践）的活动，造就了"被诠释的现实"和"情境性的主体"，而这两者在数字化网络中被统一的数据化机制转译为虚体。当然，虚体不仅来源于对实体的数据化转译，也可以由对纯粹虚拟数据的加工而生成，其本质是一般数据。

① 陈鹮. 论数字劳动及其主体性悖论 [J]. 当代世界与社会主义，2022（5）：40.

② 肖莎娜·祖博夫. 监控资本主义时代：基础与演进 [M]. 温泽元，译. 台北：时报文化出版公司，2020：38.

③ 蓝江. 一般数据、虚体、数字资本：数字资本主义的三重逻辑 [J]. 哲学研究，2018（3）：30.

随着数字化网络的全面展开，作为一般数据而存在的虚体甚至构成了对实体的遮蔽与入侵。

三、 反抗无效，重构主体

透过技术调解理论的框架，数字技术在个体层面的微观权力生成机制被呈现出来。接下来将讨论从微观层面的描述性分析进一步延伸，会面临同样的规范性问题：如果人们的生活注定被数字技术权力所掌控，那么该如何超越这种状态并重掌主导自身生活的自主权呢？

在维贝克看来，基于调解的技术权力是现代社会的基本特征以及现代人必须面对的既定事实，想要通过摆脱它们而实现自主是不可能的——"我们之于技术的自主性，类似于人类之于语言、氧气或引力的自主性。那种认为我们可以摆脱这种依赖的想法是荒谬的，因为人类将在这个过程中消灭自身"①。因此，维贝克并不赞同对技术权力采取"抵抗"的态度，并提出了"反抗无效（resistance is futile）"②的观点。在他看来，"压迫-反抗"的关系模式并不足以涵盖人与技术之间的复杂关系，更无法呈现出在个体层面人与技术互动的丰富性。从后现象学技术哲学的视角来看，人与技术不仅是相互关联的，而且也只能在与彼此的关系中被认识——"人类不能脱离技术而被理解，正如技术不能脱离人类而被理解"③。

然而，维贝克并不认为人们对技术权力完全束手无策，只能放任自己顺从技术的调解或控制。毕竟在现实层面，人们必须去思考人类还能否作为道德主体对自己受技术调解的行为负责。基于此，维贝克从福柯的"权力-主体"关系模式中汲取灵感，提出了一种着眼于主体建构（subject constitution）的"技术伴随伦理（ethics of technology accompaniment）"。在对主体性的探讨中，福柯的现代主

① PETER-PAUL V. Moralizing technology：understanding and designing the morality of things［M］. Chicago：The University of Chicago Press，2011：155.

② PETER-PAUL V. Resistance is futile：toward a non-modern democratization of technology［J］. Techné：Research in Philosophy and Technology，2013，17（1）：77.

③ PETER-PAUL V. Resistance is futile：toward a non-modern democratization of technology［J］. Techné：Research in Philosophy and Technology，2013，17（1）：77.

体谱系学研究之所以独具一格，是因为他不同于经典批判理论对权力与主体进行先验的、对立式的划分，而是侧重于考察"在各种历史性的实践和理论形态中，在与各种权力形态的复杂关系中，主体究竟是如何被构建和自我构建的"①。例如，在规训权力关系中，人类如何将自己构建为能够宰制他人的权力主体，同时又沦为了权力所要驯服或已经驯服的对象。因此，维贝克认为，虽然人类无法免除被技术调解的命运，但这并不妨碍个体将自身建构为道德主体的能力和自由。新的主体性构建"既非一味地将主体交付于技术的调解性力量，也非否认技术调解在主体建构中的作用，而是主动伴随并重塑技术对个体的调解作用"②。

那么，该如何在技术调解的权力关系中重构人的主体性呢？维贝克结合福柯的"自我技术（technologies of the self）"概念，提出了一种"使用的技艺（techniques of use）"。福柯晚期通过考察古希腊性禁忌的历史，发现了一种个体进行主体建构的方法——自我技术，即"个体能够通过自己的力量，或者他人的帮助，进行一系列对他们自己的身体及灵魂、思想、行为、存在方式的操控，以此达成自我的转变，以求获得某种幸福、纯洁、智慧、完美或不朽的状态"③。维贝克将这一概念移植到其技术伴随伦理中，认为受技术调解的个体依然保有一种通过自我技术进行主体塑造的可能性，而这种可能性便是通过"使用的技艺"来实现的。具体而言，使用的技艺就是以审慎的态度去应对技术调解，同时通过对技术物的不断摆弄（appropriation），尽可能地挖掘与技术物的多种互动形式，以充分发挥个体与技术共在的多样性；同时通过自我操控与训练来调适、纠正甚至改变技术加于人们的调解性权力，从而建构起与技术权力共存的具有个人风格与生存美学的主体性。当前，一种被称作"酷玩（gadget）"的技术现象就充分展现了这种使用的技艺，"它

---

① 张廷国，李佩纹. 论福柯的"主体"概念 [J]. 江海学刊，2016（6）：54.

② PETER-PAUL V. Obstetric ultrasound and the technological mediation of morality: a postphenomeno-logical analysis [J]. Human Studies，2008（31）：23.

③ 米歇尔·福柯. 自我技术：福柯文选Ⅲ [M]. 汪民安，编译. 北京：北京大学出版社，2016：54.

作为一种特别的技术装置要求人们去拆开、重装、升级和改造它"①，从而揭示了技术物的一种"开放性的丰富性"。对于数字技术而言，其对海量数据的需求注定了必须实现应用的普及以及信息开源，来自不同领域的使用者在与数字技术的互动中所提供的信息反馈是"专业"人士无法覆盖的，这些信息将反过来促进数字技术的不断更新与迭代。同样以外卖骑手为例，经验丰富的骑手不仅能够运用技能降低配送过程中的不确定性，快速、高质量地完成任务，还能凭借职业技能，通过训练算法和改善技术产品功能为自己和其他骑手争取更好的工作条件。② 由此，技术的丰富性借由个体使用者的"摆弄"进入到使用者的生命体验当中，共同构成了个体作为技术性存在的多样性与创造性，也奠定了人们彰显主体性与实现美好生活的实践基础。

当然，除了使用者凭借"使用的技艺"进行自我重塑之外，维贝克还提出了其他有助于开展自我建构的方法，如道德物化设计、建构性伦理评估等。通过这些方法，包括技术研发者、使用者、政策制定者在内的诸多社会行动者群体共同参与进来，从而构成了一整套规范和形塑技术权力的方法路径，也借此建立起面对数字技术权力的一般意义上的人类主体性。

第四节　以负责任创新推动工程伦理教育

一、　负责任创新：技术时代德性伦理实践方案

随着技术后果在时间、空间及程度上的扩张，技术责任问题逐渐成为了现代社会技术伦理学的主题。对于技术伦理实现的内在路径而言，无论是福柯自我建构伦理学中对自我的关怀，还是约纳斯责任伦理中对一种整体状况的担忧，都呼唤一种"负责任"的意识与德性。在此基础上，如何界定、划分并承担责任，构成了技术时

---

① 王小伟. "酷玩"的技术哲学 [J]. 洛阳师范学院学报，2019，38（1）：10.
② 赵磊，厉基巍. 与数字技术同行：技术与技能互构视角下的劳动过程研究 以外卖骑手为例 [J]. 新视野，2023（6）：46-54.

代德性伦理必须考虑的实践问题。2011 年，欧盟发布了"地平线 2020（Horizon 2020）"战略，其中提出要以可持续的、高质量的科技创新促进欧盟经济与社会的新增长，而"负责任创新（responsible research and innovation）"则被列为这一战略愿景下科技政策的重要组成部分。2022 年 3 月，我国印发了《关于加强科技伦理治理的意见》，明确提出了伦理先行，实现负责任创新的治理要求。基于各国政府在政策层面的肯定与支持，负责任创新成为技术时代德性伦理的明确实践方案。

就负责任创新的定义而言，目前学界引用最为普遍的界定来自欧盟委员会成员尚伯格（Renévon Schomberg）。他认为，负责任创新是一个透明的、互动的过程，在这一过程中，社会行动者与科技创新者等利益相关者彼此负责，共同关注并力求实现技术创新活动及其产品的（伦理）可接受性、可持续性与社会赞许性，使得技术进步恰当地嵌入人们的社会生活。① 从这一定义可以看出，相对于传统的技术创新观而言，负责任创新最大的不同在于引入了伦理维度与社会因素，强调科技创新活动及其成果应当与社会、伦理相适应。传统的技术创新观一方面受创新理论的创立者——熊彼特的经济学视角影响，聚焦关注技术创新作为生产力要素所带来的经济效益；另一方面则继承了工业革命以后西方社会普遍流行的技术乐观主义态度，认为技术的创新与发展毫无疑问地能带来人类物质与精神的双重进步。然而，历史发展的现实却呈现出另一番景象：技术创新固然带来了人类社会的物质繁荣，但全球性的气候变化、能源危机、环境污染随之而来，并造成了难以估量的灾难性后果。此外，STS 的研究也表明，社会文化、伦理道德及精神领域的发展与技术创新之间的关系则更为复杂。因此，必须重新思考技术创新与社会发展之间的关系，以更加审慎的、全面的态度对待技术创新。由此也可以看出，"负责任"与"创新"的结合具有深刻的现实背景和历史必然，"负责任"将构成技术创新活动能够良性发展并与社会实现合

---

① SCHOMBERG R. Prospects for technology assessment in a framework of responsible research and innovation［C］// DUSSELDORP M，BEECROFT R. Technikfolgenabschätzen lehren：bildungspotenziale transdisziplinärer methoden. Wiesbaden：VS Verlag，2012：39-61.

理互嵌的伦理保障。

在操作层面对负责任创新的探讨，比较有代表性的是英国学者欧文（Richard Owen）提出的"四维度"模型，即通过预测、反思、协商、反馈四个维度的阶段性参与将责任纳入创新的整个过程，构成了负责任创新的基本行动框架。① 首先，预测维度意味着在负责任创新的框架中，关注的重点从反思创新成果前置为反思创新活动本身，尤其是关注创新过程的上游环节——设计活动。在预测阶段，创新主体可以通过技术评估、情境规划、场景模拟等方法预测技术创新的潜在影响，弥补"被动地等待技术出现问题后再去亡羊补牢"② 的不足。其次，反思维度要求创新主体能够主动且及时地"意识到知识的局限，而且认识到对某一问题的特殊处理可能不具有一般性的意义"③。更为重要的是，这种反思将通过制度安排成为一种公共事务。也就是说，反思不仅是个体行为，更是群体活动，尤其是跨学科群体共同参与的活动——社会科学家与哲学家将参与其中，与科学家、工程技术人员一起就具体的创新项目进行合作研究，从而突破单一学科视角在面对复杂现实问题时的不足。再次，协商维度强调将预测及反思而来的未来愿景、现实困境等放在更广阔的背景之中，通过邀请公众及其他利益相关者展开与专业人士的平等对话和辩论，来重新审视某一具体创新项目的合理性、可行性。这一维度的重点在于促进专家学者、政策制定者与公众之间的沟通，尤其是针对争议性较高的创新项目，尽可能通过三者之间的不断讨论和修正达成共识，"最大限度地保证创新主体和各方面参与者的利益，最终形成具有可行性的政策行为"④。最后，反馈维度构成了整个负责任创新框架的动态调节及整合机制，即将预测、反思和协商

① OWEN R, STILGOE J. A framework for responsible innovation [C] // OWEN R, BESSANT J, HEINTZ M. Responsible innovation: managing the responsible emergence of science and innovation in society. London: John Wiley & Sons, Ltd, 2013: 27-50.

② 张卫，王前. 论技术伦理学的内在研究进路 [J]. 科学技术哲学研究, 2012 (3): 46-47.

③ 晏萍，张卫，王前. "负责任创新"的理论与实践述评 [J]. 科学技术哲学研究, 2014, 31 (2): 86.

④ 刘婵娟，翟渊明，刘博京. "负责任创新"的伦理内涵与实现 [J]. 浙江社会科学, 2019 (3): 97-98.

的结果及时反馈到创新活动中，对创新项目进行不断调整和有效控制，以确保"负责任创新"的理念落实并贯穿到创新活动的全过程。

二、 负责任创新对工程伦理教育的新要求

从负责任创新的内涵来看，"责任"构成了负责任创新的首要内嵌性价值，更是负责任创新从理念走向实践的行动框架得以运行的关键所在。因此，有学者将负责任创新的本质理解为"全责任"，即"面对责任客体，所有利益相关者组成的责任共同体应该在其可达范围内积极共同地履行或承担全部责任"①。基于这一本质特征，负责任创新实现了"责任"范畴的丰富与拓展，这一视角下的工程伦理从狭义的"工程师的职业伦理"扩展为广义的"工程活动与决策的伦理问题"，也由此对当前的工程伦理实践教育提出了新的要求。

(一) 底线责任的提升

为了更全面地考察技术创新与社会发展之间的关系，实现技术对社会的恰当嵌入，负责任创新通过引入社会视角以挖掘技术创新的多重社会影响。因此，全责任之"全"，首先体现在责任类型的全面上，即包含了社会、生态、文化、伦理等侧重点不同的责任。

对于技术创新活动的主体——工程师群体来说，责任类型的丰富意味着工程师底线责任标准的提升，即从"遵守操作程序、避免过失"的"过失–责任"提升为"考虑周全、表达合理关照"的责任。所谓底线责任，即"最低限度责任"，是指"工程师具有遵守其自身职业的标准操作程序和履行由其工作所决定的基本义务的职业责任"②。在未引入基于社会视角的全责任类型之前，工程师对最低限度责任的遵守，主要出于一种消极的目的——避免因操作不当而陷入麻烦或受到惩罚，最低限度责任因此也被称为"过失–责任"。而从内容上来说，"过失–责任"涉及的范围也相对狭窄——主要表现为涉及质量、安全与效率的工程标准。

在"过失–责任"的标准之上，还有一类被称为"合理关照

---

① 刘战雄. 论负责任创新的全责任本质 [J]. 自然辩证法研究, 2018, 34 (10)：41.

② 查尔斯·E. 哈里斯, 迈克尔·S. 普里查德, 迈克尔·J. 雷宾斯, 等. 工程伦理：概念与案例 [M]. 丛杭青, 沈琪, 魏丽娜, 等译. 5 版. 杭州：浙江大学出版社, 2018：2.

（reasonable care）"的责任，即"在正常情况下，一个人应该行使应有的关照来避免对他人导致的伤害"①。从社会良性发展的角度出发，技术创新活动可能带来的伤害显然不仅限于安全事故，还包括潜在的对社会秩序、生态环境、文化多样性与伦理价值等的冲击与破坏。基于"均衡关照原则（principle of proportionate care）"，"当一个人处于一个能够导致更大伤害的职位，或者对于伤害的产生，处于一个比其他人起到更大作用的职位时，他必须行使更多的关照来避免这些伤害的产生"②。因此，鉴于工程师群体在技术创新实践中的主导地位，理应将其底线责任的标准提升至"合理关照"层面。就具体的内容指向而言，这种以"合理关照"为要求的底线责任可以被理解为米切姆提出的"考虑周全的义务"，即工程师在设计环节应该尽可能地考虑到多方面的社会因素，以弥补技术工作与社会现实之间的鸿沟，避免设计局限。

鉴于底线责任的提升，负责任创新实际上对工程伦理教育的三大目标之一——培养工程师的伦理意识——提出了更高的标准和要求。然而，从底线责任意识培养的角度考察当前的工程伦理教育，可以发现，大量的教学案例依然集中在与安全、质量等问题相关的"过失－责任"层面，不利于培养学生对于更加多样的责任类型的敏感度；加之工程师的职业伦理守则中的大部分内容也同样是禁止不当行为的条款，就更加不利于工程师群体自觉地将对多样化的社会因素纳入考量范围，履行合理关照层面的底线责任——考虑周全的义务。

（二）激励性伦理的凸显

从科技管理的角度出发，负责任创新理念呈现出更强的建构性旨趣。这种建构性旨趣首先体现在对待创新活动的立场上：与其在技术系统之外实施管理与控制，导致对"科林格里奇困境"束手无

---

① 肯尼思·A. 阿尔伯恩. 工程师的道德责任 [C] //黛博拉·约翰逊. 工程中的伦理问题，1991. 转引自查尔斯·E. 哈里斯，迈克尔·S. 普里查德，迈克尔·J. 雷宾斯，等. 工程伦理：概念与案例 [M]. 丛杭青，沈琪，译. 3 版. 北京：北京理工大学出版社，2006：17.

② 肯尼思·A. 阿尔伯恩. 工程师的道德责任 [C] //黛博拉·约翰逊. 工程中的伦理问题，1991. 转引自查尔斯·E. 哈里斯，迈克尔·S. 普里查德，迈克尔·J. 雷宾斯，等. 工程伦理：概念与案例 [M]. 丛杭青，沈琪，译. 3 版. 北京：北京理工大学出版社，2006：17.

策，不如以一种更为积极的态度参与并形塑技术的发展。这种建构性旨趣贯穿了负责任创新实施的全过程。为了应对创新过程中的诸多不确定性，负责任创新通过构建"预测－反思－协商－反馈"的四维行动框架，将道德、法律、文化等多种社会因素纳入创新过程，"变技术'控制'为技术'塑造'，使技术在形成阶段就能避免可以预见的不良后果"①，并尽可能形塑技术创新的社会影响。

将负责任创新的这一建构性旨趣投射到工程伦理的语境之中，则会带来工程伦理激励性维度的凸显。

其一，激励性维度体现在鼓励工程师主动参与技术反思的"公共事务"上。负责任创新强调对技术创新过程而非结果的关注，尤其是关注技术创新的上游环节——设计活动，并提出通过制度设计将"反思"构建为"公共事务"。这意味着对技术风险的预测与反思责任可以以更为积极的方式展开，即鼓励工程师群体主动参与，甚至发起与其他群体的合作与沟通，如开展"建构性技术评估（constructive technology assessment）""价值敏感设计（value sensitive design）"等，以便及时对设计方案进行修正，而非独自被动地承担"考虑周全的义务"。

其二，激励性维度体现在对工程师的"善举（good work）"的鼓励上。"善举"是对工程师责任的扩展和补充：相对于底线责任对过失或伤害的避免，"善举"则体现为一种正向的价值实现活动。形塑技术创新的社会影响，在更为积极的层面，意味着将特定的价值嵌入创新过程或创新成果之中，借以达到实现该价值的目的。这其实就是一种"用技术行善（do good with technology）"的"善举"。从责任层次上看，"善举"代表了一种"高于或超出义务要求"的责任标准，这也意味着不能对工程师的"善举"责任作出强制要求，而只能以激励性伦理的方式予以鼓励。

目前，在工程伦理教育起步较早且发展较为成熟的欧美等国，激励性伦理维度不仅体现在了工程实践领域，而且已经在工程伦理的教育内容当中有所体现。在负责任创新理念的发源地欧洲，"价值

---

① 陈凡，贾璐萌. 技术控制困境的伦理分析：解决科林格里奇困境的伦理进路 [J]. 大连理工大学学报（社会科学版），2016，37（1）：79-80.

设计（design for value）"在工程伦理教育中具有特殊的地位。在美国的工程伦理教育中，"职业责任的设计方法和价值设计方法已成为新方法的典范"①，也出现了"基于社区的服务学习法"等实践内容。但不足之处依然存在：在相关的工程伦理教育中教学内容上重方法传授而轻品格培育。对于更强调主动性与自主决定的激励性伦理来说，工程师的职业品格，如追求卓越、社会关怀、环境意识等，才是影响工程师能否采取行动、作出"行善"举措的决定性因素。因此，重视对工程师职业这些品格的培育也构成了负责任创新对工程伦理实践教育的新要求。

（三）责任主体的扩展

负责任创新理念要求工程技术创新的所有利益相关者共同参与、共担责任。因此，"全责任"之"全"，还体现在责任主体的扩展上，既包括创新活动的主导者与受众等内部行动者，又包括公众、第三方组织、后代人等外部行动者，于是就产生了不同学科、不同领域、不同诉求的行动者之间的沟通与合作。

在负责任创新的框架中，这种责任共担不仅仅是基于角色责任的分工合作模式，"不仅仅是做好自己分内之事之后的补充，而转变为共同履行责任的必要条件"②。尤其是对于负责任创新的协商维度而言，其实质就在于通过组织共识会议、听证会等方式，实现不同利益相关者之间的平等对话与有效交流。此外，要想提升预测维度的准确性、反思维度的全面性，以及反馈维度的有效性，离不开跨学科、跨领域行动者的共同参与。其中，不仅需要不同领域的学者合作完成对创新活动的政治、文化、伦理等的多角度评估，还需要公众、第三方组织等群体的参与，围绕创新活动的潜在社会影响开展"公共辩论（public debate）"。

然而，在知识生产的学科划分日益严密、社会分工日益精细的背景下，这种跨学科、跨领域的沟通合作面临着重重困境：一方面，

---

① 张恒力，钱伟量. 美国工程伦理教育的焦点问题与当代转向 [J]. 高等工程教育研究，2010（2）：32.

② 廖苗. 负责任创新理念下科研人员的伦理参与责任 [J]. 洛阳师范学院学报，2018，37（6）：15.

学科范式的差异意味着不同学科的专业人士所持的概念、方法、信念与价值立场的不同，因而在面对同一议题时难免产生误解和沟通难题。其中，尤以工程学科与人文学科之间的范式差异最为巨大——前者强调实用性与效率至上，而后者则追求应然性与反思批判。另一方面，由于不同社会和文化之间的交流碰撞日益增多，价值的多元性增加了各群体之间的沟通成本，尤其是专业群体与非专业群体之间的信任与沟通仍然存在很大问题。在转基因食品、化工厂选址等关乎公众生命健康安全的议题上，缺乏易于传播和理解的信息，以及公众对专家的不信任态度等，往往是酿成大规模工程问题的重要原因。

以上种种现实困境对我国工程伦理教育提出了新要求：一方面，在工程师伦理能力的培养中，应重视对工程师群体交往理性与技巧的锻炼，使其能够承担起面向非专业人士的信息公开、知识普及等责任；另一方面，需要扩大工程伦理教育的执行面与受众范围，纳入创新活动的其他行动者群体，培养其责任意识及参与承担责任的基本能力。

三、 以负责任创新为着力点推动我国工程伦理教育发展

目前，"工程伦理"已被正式纳入工程类专业学位硕士研究生的公共必修课，使得高校工程伦理教育成为我国工程伦理实践的最广泛形式之一。借此契机，将负责任创新与我国的工程伦理实践教育相结合，培养"社会责任合格"的创新人才，可以从以下几个方面着手。

（一） 培养多元化的伦理行动者

当前我国的工程伦理教育的主要受众是工程类专业硕士研究生，以及一些高校的科学技术哲学专业的硕士研究生。鉴于负责任创新理念对共同责任的强调以及对责任主体的拓展，培养更为多元的伦理行动者成为负责任创新视角下我国工程伦理发展教育的首要着力点。

负责任创新中的多元伦理行动者大致可分为三种类型：第一种类型是技术型伦理行动者，即工程技术活动的直接实施者，如工程设计人员、建造人员、维护人员等。第二种类型是社会型伦理行动

者，即在工程实施过程中所涉及的利益相关者，如工程项目的直接受众、政府机构、代表项目间接受众利益的社会组织。第三种类型是元层面的伦理行动者，主要负责沟通前两类行动者，以确保协商机制的顺利开展，如政府、企业或第三方项目评估机构。为了培养覆盖这三种不同类型的伦理行动者，我国工程伦理教育的实施主体与受众范围可进行适当拓展。

首先，将企业纳入工程伦理教育的实施主体，实现对一线工程研发人员及管理者的伦理规范与培养。目前，我国部分大型企业已经在制度、监管、责任三方面具备了实践开展工程伦理教育的条件，可进一步"从增强顶层设计、重构人才标准、强化岗位特色、校企深度融合以及营造伦理氛围等方面推动企业开展工程伦理教育"①。

其次，在将"工程伦理"作为工程专业硕士公共必修课的基础上，可面向其他专业的学生设立"工程伦理"的公共选修课，以培养社会型伦理行动者为目标，侧重于培养其理解工程思维、合理表达诉求、参与公共决策的基本素养。同时，以"工程管理硕士"专业学位为依托，在工程管理教育中融入负责任创新的视角，培养一批负责任的工程管理人员。

最后，为了克服多元伦理行动者在协商过程中的沟通困境，还应注重元层面行动者的培养。在面向公共管理、科学技术哲学等专业研究生的工程伦理教育中，重点应在于培养"嵌入式的社会科学家与伦理学家"，使其能够与其他群体的行动者一起参与到工程活动当中，发挥学科专长，澄清工程活动中涉及的价值冲突和利益诉求，帮助不同学科及非学术群体更为全面地理解问题，并顺利展开对话。

（二）提升前置性伦理敏感度

道德心理学的研究揭示了一种"道德褪色（ethical fading）"现象，即道德认知的局限性不仅使得人们通常会把道德因素排除在外，甚至还会增加不自觉的不道德行为。有学者在工程实践领域同样察觉到了这种现象的存在："在伦理问题上陷入困境的工程师多数不是由于他们人品不好，而是由于他们没有意识到自己所面对的问

---

① 梁竞文. 企业开展工程伦理教育的可行性分析：以九家大型央企为例［J］. 科技管理研究，2017，37（24）：255.

题是一个具有伦理性质的问题。结果，他们作出了糟糕的决定，玷污了自己的名誉，使自己的余生受到牵累。"① 因此，"工程师是否具备工程伦理意识是其能否采取伦理行为和负起伦理责任的前提条件和出发点"②。

基于负责任创新中的"合理关照"责任与激励性维度，有必要加强对未来工程师群体的伦理敏感度，尤其是前置性伦理敏感度的关注与提升，使他们具备在创新活动的起始环节——项目设计阶段进行伦理反思甚至伦理实践的基本能力。对此，可以将"道德物化（materializing morality）"的思路以及价值敏感设计的框架引入工程实践及工程伦理教学中，作为提升前置性伦理敏感度的基本模式。

道德物化强调应该重视设计活动的内在伦理价值——"如果说伦理学的核心问题是'人该如何行动'的话，设计者则协助塑造了技术物参与人类道德活动的方式及其影响，那么设计就应该被看作一种以物质的方式从事的伦理活动"③，即工程师的"善举"。进一步说来，道德物化的思路就是要将特定的伦理价值——如环境保护、人道关怀等——通过设计嵌入到技术物之中，使其成为技术功能的一部分而在使用环节稳定地发挥作用。

价值敏感设计的"三重方法论（tripartite methodology）"有助于落实道德物化的思路：在概念研究层面，工程技术人员将与伦理学家一起，对将要嵌入的伦理价值进行分析，并探讨这些价值如何在设计中进行表达；在经验研究层面，三种类型的行动者将共同参与其中，以便全面把握该项设计及价值所处的社会情境；在技术研究层面，以工程技术人员为主导，通过"充分的技术能力将特定的价值倾向嵌入技术品"④。

在工程伦理的课堂教学中，选取恰当的案例，以价值敏感设计

---

① 李世新. 工程伦理意识淡漠的原因分析 [J]. 北京理工大学学报（社会科学版），2006（6）：93.

② 龙翔，盛国荣. 工程伦理教育的三大核心目标 [J]. 高等工程教育研究，2011（4）：77.

③ VERBEEK P P. Moralizing technology：understanding and designing the morality of things [M]. Chicago：The University of Chicago Press，2011：91.

④ 王小伟，姚禹. 负责任地反思负责任创新：技术哲学思路下的 RRI [J]. 自然辩证法通讯，2017，39（6）：39.

为工具引导学生进行道德物化的考量，可以帮助学生缩小工程设计与伦理关怀之间的认知差距，熟悉相关伦理问题及解决问题的思路，从而使学生搭建起相对完善的伦理认知框架，提升自身的前置性伦理敏感度。

（三）增强参与性伦理行动力

基于负责任创新的工程伦理除了要求工程技术人员承担职业伦理责任之外，还鼓励他们以参与公共事务的方式承担社会责任。然而，对于我国的工程技术人员来说，即使走上了工作岗位，其参与社会公共事务的积极性依然相对缺乏，不具备足够的参与公共事务、承担社会责任的技能。因此，在学生阶段增强其参与性伦理行动力，成为我国工程伦理发展教育的又一着力点。

首先，要想提高工科学生参与公共事务、承担社会责任的积极性，应从培育其职业品格、转变其观念入手，使他们意识到工程活动不止是工程共同体内部的事务，也是关系到诸多公众利益及生态环境的公共事务。相对于知识教育与方法传授，品格的培养与观念的转变更需要专门教育和渗透教育相结合。因此，以公共必修课为主要形式的工程伦理教育应该辅以渗透教育的形式。而在当前的思想教育体系中，最佳实施路径就是与高校的"课程思政"改革相结合，尤其是利用好以工科专业课程为依托的课程思政课堂。通过对工科教师进行适当的培训，将其纳入工程伦理教育的教师队伍，使教育者首先具备清晰的伦理意识和充分的社会关切，从而能在专业课课堂上发现更贴合工科学生的工程伦理案例、传达工程伦理的教育内容，从而润物细无声地达到品格培养与观念转变的教育目标。此外，还可以邀请工程界人士及知名学者开展关于企业社会责任或工程伦理的讲座，与系统性的工程伦理课堂教学形成互补，强化教育效果。

其次，培养工科学生参与公共事务的技能，需要采取更加灵活的、以实践为导向的课堂教学方法。具体来讲，可选取工程伦理经典案例或热点事件，组织学生开展模拟听证会、新闻发布会、共识会议、公共辩论等。这些模拟活动的共通之处在于都包含了工程技术人员与公众及其他群体的沟通与互动。学生们可根据所学专业分角色参与其中，与所选案例相关专业的学生扮演工程技术人员，其他专业的学生扮演媒体、公众等群体，从而更好地呈现各群体在面对同一工程事件时的知识储备差异、多元视角及利益诉求。通过学生的参与互动，不仅可以使其切实感受到由多重因素所导致的沟通困境，从而体会到尊重他人、进行知识普及的重要性，还可以锻炼学生进行公共表达、公众沟通的能力和技巧，为其参与公共事务打下良好基础。

总之，工程伦理教育是在行业发展与伦理反思的双重诉求中应运而生的，具有强烈的实践导向和现实关怀，要回应社会变迁与时代命题。如今，在创新驱动发展的战略指导下，我国科技创新的步伐日益加快，工程建设的规模不断扩大，将负责任创新的理念融入我国刚刚起步的工程伦理实践之中，具有重要的现实意义。由负责任创新的全责任本质而来的底线责任的提升、激励性维度的凸显以及责任主体的扩展，不仅反映了现代工程技术的社会性本质，更强调了伦理视角在规范与反思之余可以发挥的积极作用。因此，基于负责任创新对我国的工程伦理实践进行改革，有助于培养伦理敏感度更高、更加积极的工程技术人员，以及更加多元的伦理行动者群体，从而形成合力，促进工程技术创新更好地融入社会发展之中。

第七章

技术伦理实现内在路径的本土化

在技术伦理实现的内在路径中，对技术–伦理互嵌机制的探讨实现了微观视角、中观视角与宏观视角的融会贯通。这一融合性的视角带有明显的"语境论"倾向：关于技术调解机制的分析必须在特定的文化语境中进行，只有这样才能准确理解技术潜在的伦理道德意蕴；而对于伦理伴随机制的建构也必须结合具体的社会现实背景，以确保伦理伴随的实践有效性。简言之，技术伦理实现内在路径在我国的开展必须考虑本土化问题。具体来讲，内在路径的本土化首先需要与中华优秀传统文化相结合，从"天人合一"基础上的"成己成物"观中汲取思想资源与社会心理支撑，同时实现优秀传统思想理念的创造性转化与创新性发展；其次，需要与马克思主义理论相结合，将内在路径置于唯物史观的立场上，在人的本质力量的外化、异化与复归中理解人与技术的关系；最后，需要面向我国高水平科技自立自强的现实需求，使技术伦理实现的内在路径扎根于我国现代化建设的实践土壤，服务于完善科技伦理治理体系，以更好发挥内在路径的积极作用。

第一节　"成己成物"：内在路径的传统表达

内在路径的本土化需要与中华传统优秀文化相结合，建立在"天人合一"基础上的"成己成物"观，是技术伦理实现内在路径的最佳契合点。"成己成物"语出《中庸》："诚者，非自成己而已也，所以成物也。成己，仁也；成物，知也。性之德也，合内外之道也，故时措之宜也。"① "成己"是个体成就内在德性、实现自我提升的过程，但这一过程"非自成己而已"，还要"成物"，即使自身之外的事物得到完善、有所成就。这就表明，"成己"与"成物"是一体的、内外合一的关系，两者统一于人性的完善，并通过恰当适宜的实践表现出来。这与内在路径中人与技术的关系非常契合，也构成了技术–伦理互嵌机制的传统表达。

"成己"与"成物"的统一意味着人性与物性是相互贯通的，两者有着共同的基础，这源自中国传统思想中的"天人合一"观。在现代社会中，技术调解已经构成了人类无法摆脱的境遇性存在。面对这种境况，"天人合一"观使得人们在理解并接受技术调解时具有先天的文化心理优势。在西方的思想文化语境中，人的价值和尊严是建立在与客观事物对立的主体性原则之上的，这一主体性原则突出地表现在对客观世界的认识、利用和支配中，并在主客体之间、人与物之间划定了一条不可逾越的界线。这种人本主义思想在现代西方语境中进一步由类本位转向个体本位，即"注重个体的生存状态和人生价值、意义，强调每一个人的独特个人经历、内心体验和自由意志"②。因此，对于在主客二元文化传统中成长起来的人们而言，很容易由于自身强烈的主体意识而对技术调解，尤其是道德领域的技术调解产生否认或拒斥的心理。与此相反，中国传统文化中的"天人合一"观则为我们接受技术的道德调解，尤其是与技术保持一种和谐共在的关系状态提供了良好土壤。"天人合一"观强调人类社会与自然万物都统摄于天道之下，人与物、社会与自然是统一的关系。这种状态不仅体现在本体论层面，而且构成了中国传统伦理的方法论指导和境界追求：超越物我之分、内外之别，通过"成己成物"的实践活动，达至"内圣外王""天人合一"的境界。在这样的文化底蕴中，技术调解所带来的人与物、主体与客体之间的界线的模糊并不构成对中国传统理想人格的破坏，反而会有助于构成人们在技术实践中"成己成物"的道德修养路径。

"成己，仁也；成物，知也。""仁"是个体"成己"的德性潜

---

① 王国轩. 大学·中庸 [M]. 北京：中华书局，2006：22.

② 丁东红. 现代西方人本主义思潮 [J]. 中共中央党校学报，2009，13（4）：18.

能，而"知"则是个体"成物"的智识基础。在"成己成物"的过程中，两者缺一不可，互相支撑。冯友兰的人生境界说将人的境界提升与觉解程度关联起来，实际上就是将德性潜能的实现与智识基础的发挥结合起来，构成了一种从"成物"到"成己"、从认识论到价值论的理论框架。首先，境界的高低与"意义"有关，而如何以及在多大程度上理解事物的意义，则取决于人的觉解程度。冯友兰说，当人们在询问某件事情的"意义"的时候，可能在问：（1）某件事物的性质；（2）某件事物可能达到的目的或者可能引起的后果；（3）某件事物与其他事物的关系。但是，不论是哪种情况，"意义"都与人有关，与人对某件事的认识，也就是"觉解"有关。其次，由于对宇宙万物、自身与他人的觉解程度不同，人生的境界可以从低到高划分为自然境界、功利境界、道德境界与天地境界四种层次，前两者是实然状态，后两者是应然状态。在四种人生境界及其转化中，相较于传统技术伦理中的技术伦理无涉论、外在路径中的技术伦理互斥论，技术伦理实现的内在路径凭借"伦理之于技术的内在性"的根本特征，可以增进人对于自身德性潜能与技术伦理价值的认知，从而不仅有利于促进人生境界从实然状态向应然状态的转变，而且更是有利于最高层次的人生境界——"天地境界"的实现。以下将对照人生的四重境界进行具体分析：

第一，自然境界是人生境界的初始状态，处在这一境界的人们顺应自己的本性而行，此所谓"顺才"或"顺习"。由于"不著不察"，自然境界的人对于自己及世界并没有清晰的觉解，从而宇宙人生对于他们来说也没有太大的意义。他们处于一种混沌的状态中，依照自然的法则率性而为，或依照社会的发展顺习而行，但他们却并不了解甚至无法察觉这些法则。在冯友兰看来，自然境界并非仅限于原始社会中的人，在现代工业社会中依然存在着大量处于自然境界的人。从技术伦理的角度来看，技术与伦理无涉的前技术伦理状态实际上就意味着这样一种自然境界。具体而言，自然境界的人一方面由于缺乏对自己的认识与觉解，导致了主体意识的缺失，处于一种混沌的"无我"状态，也就无所谓伦理；另一方面，由于缺乏对世界的认识，而只是凭借自身作为"技术性动物"的本能来实施对技术工具的运用，使得技术工具以及这种"运用"的意义对于自然状态的人们而言始终处于遮蔽状态，也就更无所谓对技术进行超越性的伦理思考。

在现代技术社会中，这种自然状态尤见于技术使用者群体，并被盛行的消费主义所放大。在与技术的互动中，技术使用者们囿于自身知识与身份的局限性，更容易在不著不察的自然境界中展开技术实践且无法摆脱。一方面，由于技术调解作用的发挥大多以隐性的、微观的方式进行，通常悄无声息地对使用者的知觉经验、行为选择等施加影响；另一方面，由于受自身知识结构所限，使用者对技术物的了解及操作大多都是基于对使用说明书的解读与遵从，从而导致使用者更容易在与技术物的互动中沦为盲目的行动者。与此同时，消费社会的导向使大量的虚假需求被制造出来，而"单向度"的技术使用者们却并没有辨别这些虚假需求的能力，反而被大数据、互联网等技术裹挟着、催促着，或盲目追求技术产品的快速更新换代，或沉浸于技术使用带来的感官刺激与享受中，而全然丧失了把握自身实际需求、感知现实世界，以及对技术的调解性影响进行批判性反思的能力和意愿。

第二，功利境界是人生境界的第二层次，同样属于实然状态。功利境界的人相较于自然境界已经有了更多的觉解，主要体现为对自己及自身利益有了清晰的觉解。在这种觉解的基础上，功利境界的人"其行为都有他们所确切了解的目的"，"他们的行为的目的，都是为利"，且他们所求的利"都是他自己的利"。① 从技术伦理的角度来看，当人们将技术与伦理的关系识别为互斥状态，尤其是从技术发展的立场出发表现出伦理的抗拒时，实际上就意味着人们处于一种功利境界。在这一境界，人们努力追求"成物"而忘却了"成己"，甚至由于片面地追求"成物"的经济效益，放大"物"的工具理性，妨碍甚至败坏了"成己"。

这种对伦理的抗拒意味着人们对他者、对万物缺乏觉解，而这正是功利境界的根源。一方面，功利境界的人只知有己、不知有他，从而造成了人己有分。功利境界的人已经清楚地意识到了自我的存

---

① 冯友兰. 三松堂全集：第四卷 [M]. 郑州：河南人民出版社，2001：526.

在，换句话说，其主体意识已经产生，并围绕自身的利益有了极大的发展，从而使人生的境界由混沌的"无我"转化为了"有我"。然而，此状态下的"有我"是"小我"，即"执着于一己之我，一切以自己的利益为出发点，只知追求一己私利"①。这种功利状态体现在技术发展中，会使技术完全沦为人们谋求私利的工具，进而导致贫富差距或群体间的不平等。另一方面，功利境界的人只知有我，不知有物，从而造成了物我有间。功利境界的人"不知有物"不仅体现为他们对自然的规律与意义缺乏觉解，也体现为对技术规律和意义缺乏认知。在这种状态下，人们很容易被技术理性所俘获，对源自价值理性的伦理规范表现出排斥和厌恶，并在技术理性的操控下陷入对技术发展的无限追求中，从而导致对生态环境的破坏以及社会文化的单向度。

在围绕技术的行动者网络中，设计者群体更容易受技术理性的驱使，进而表现出拒斥伦理的"功利境界"。这种"功利境界"的行为取向在工程设计活动中的模型方法中可见一斑：这一方法的核心在于通过简化抽取相关影响因子构建设计模型，而为了保证制造过程的可操作性和高效性，难以量化的社会伦理因素、道德情感因素往往成了被首要排除的选项。技术设计者"专注于实现技术要求，根本忽略了人的要求"②，而技术的要求在进入工业社会以来更是被资本利润的要求所绑架，从而也忽视了社会的要求和自然的要求。与此同时，随着技术系统的复杂化程度日益提升，技术知识的专业性使得两类人群逐渐分化——技术专家和其余的人。专家凭借技术社会中"专门技艺的普遍社会威望而自肥"③，将技术视为解决一切问题的万能路径，造成一种技术泛滥的趋势，并通过对新发展趋势的预判、参与甚至塑造来攫取自身利益，将其余的人的诉求排除在外。技术理性的强势逻辑与技术专家的优势地位相结合，构成了技术设计者趋向于功利境界的内在原因。

---

① 张克政. 冯友兰人之精神生命理论刍议：再论冯友兰《新原人》之境界哲学与功夫理论［J］. 中国矿业大学学报（社会科学版），2014（1）：126.

② 唐纳德·A. 诺曼. 设计心理学1：日常的设计［M］. 小柯，译. 北京：中信出版社，2015：7.

③ 李醒民. 论技治主义［J］. 哈尔滨工业大学学报（社会科学版），2005（6）：4.

除此之外，技术过程的不透明性与技术调解的隐蔽性使得对技术设计者的功利倾向缺乏有效的监督途径，从而为这种功利趋向提供了外部条件的便利。这意味着技术设计者们可以尽情地、以一种不引人察觉的方式去影响使用者的认知、决策甚至行为方式，使其朝着有利于技术更新、利润增长的方向进行。一个非常典型的技术设计策略是福特公司提出的"有计划的商品废止（planned commodity abolishment）"，即通过人为的设计使商品在很短时间内失效，从而迫使消费者不断地购买新产品。这种有计划的废止可以通过产品的样式更新、理念更迭，甚至功能损耗等方式进行。前两种方式姑且可以看作消费主义时代的促销策略，然而有意设计的功能损耗则严重违背了技术设计的根本——功能导向。苹果手机降频事件就是这类设计策略的一个典型案例：2017 年，苹果公司被发现通过系统升级故意将处理器降频，导致手机使用性能下降。这一消息迅速引发了舆论风暴——人们纷纷指责苹果公司通过这种方式迫使用户购买新手机。尽管苹果公司声称，这一做法是为了确保电池老化情况下的手机续航，但却并未告知用户手机使用性能的下降是由于电池老化引起的。这导致大多数用户习惯性地将应用程序崩溃和手机性能不佳等问题归咎于处理器老化，从而不得不采取购买新手机的方式去解决这一问题。这次事件极大地损害了苹果公司的形象和用户口碑，也使得这种由功能设计主导的促销策略再次进入了大众的视野，引发了关于如何对技术开发公司与设计人员进行有效监督的讨论。

第三，道德境界是人生境界的第三层次，也是第一重应然状态。处于道德境界的人对于宇宙人生的觉解进一步加深，达到了"胜解"的程度。这种觉解主要体现在对人与社会关系的认识上，觉解到了自己是社会的一部分，并超出了一己之利而认识到了他人、社会的存在，以及他人之利、社会之利的必要性。由于道德境界的人觉解到了自己是处于社会人伦关系之中的，也就必然会觉解到自身在人伦关系中相应的职责，从而循其伦、尽其责，也就构成了"为他""利他"的道德行为。从技术伦理的角度出发，道德境界尽管依然停留在技术与伦理的互斥层面，但已经超越了对于技术发展的纯粹的功利性追求，体现为伦理对技术的强规范，具有鲜明的外在主义特征，从而导致了一种"成己而已""成己而未成物"的片面状态。

技术伦理实现外在路径的强规范与道德境界中人对道德规范的强调，以及对物的觉解的缺乏具有内在一致性。一方面，出于对社会之利、他人之利的维护，处于道德境界的人开始自觉遵从伦理道德规范，并将其运用到了社会生活的其他方面，例如对技术发展的伦理规范上。面对技术发展所造成的环境与社会问题，外在路径通常会将希望寄托于对技术工作者的职业规范上，认为凭借工程技术人员的负责任行为及道德自觉就能够有效地避免技术的消极后果；另一方面，由于缺乏对技术发展内部机制的探索，以及对技术物所包含的积极伦理价值的觉解，外在路径通常将技术视为人性的异化与潜在的威胁，其采取的技术伦理规范也大多是基于先在的伦理规范的应用，并从技术系统的外部对技术发展进行制约。然而，在面临实际的技术问题时，这种伦理实现路径所暴露出的滞后性和外在性会降低外在路径的实践有效性，从而进一步加深人们对技术发展的敌视和恐惧。总而言之，在技术伦理实现的外在路径中，人们所做到的"无我"打破的是人与我之间的界线，消解的是社会中的"有私之我"；但是在面对技术物时，人与物之间的界线依然存在，人们仍然无法摆脱人类中心主义的视角，因而其境界较之于功利境界的实然状态尽管有所提升，但只是停留在较低层次的应然状态——道德境界。

第四，天地境界是人生境界的最理想状态，也是应然状态的最高层次。天地境界中的人对于宇宙人生有了最深的觉解，达到了"殊胜解"的程度，即人"已知天，所以他知人不但是社会的全的一部分，而并且是宇宙的全的一部分。不但对于社会，人应有贡献；即对于宇宙，人亦应有贡献"①。换句话说，天地境界的人不仅打破了人与我之间的界线，实现了社会层面的"无我之境"，而且打破了物与我之间的界线，实现了宇宙层面的"无我之境"。由此，天地境界中的人的行为，不仅是"利他"的，而且具有了"事天"的意味。而从技术伦理的角度来看，只有在技术伦理实现的内在路径当

---

① 冯友兰. 三松堂全集：第四卷 [M]. 郑州：河南人民出版社，2001：500.

中，"成己"和"成物"才真正达到了统一，人生的天地境界才有可能得以实现。

一方面，内在路径对技术物及技术发展内在机制的探究，以及对技术伦理意蕴的认可，有助于加深人们对物的觉解，从而摆脱人类中心主义的视角，超越物我之分，最终达到天地境界中的"天人合一"状态。内在路径的核心特征在于认可"伦理道德之于技术活动的内在性"。从这一基点出发，内在路径要求人们意识到，技术伦理的关键问题不是"在人与技术之间划出界线，而是如何在人与技术之间构建起相关性关系"①，实现人与技术的本真性共在关系；与此同时，这种应然性关系的构建与实现也不完全依赖人类的道德能动性，而是将技术物作为人工道德能动体也纳入到技术伦理实现中，赋予技术物以一定的道德能动性及相应的责任；就具体的实现机制而言，内在路径体现为在技术与伦理的互嵌中实现技术物及人的伦理潜能的共同发挥与相互促进，从而完全超越了人类中心主义的视角，为这一路径中的人类行动者实现道德境界，并进一步达成天地境界提供了系统方案。

另一方面，内在路径相较于传统的伦理反思及外在路径而言，具有更为明确的实践维度，强调各方利益相关者的行动与参与，从而有利于觉解的实现与境界的维持。首先，觉解的实现离不开人们的行动。何为觉解？"人做某事，了解某事是怎样一回事，此是了解，此是解；他在做某事时，自觉其是做某事，此是自觉，此是觉。"② 通过对技术伦理实践的参与，个体不仅能够深化对自身、对技术，甚至对他者与世界的觉解，明确自身作为伦理主体的尊严与责任，而且能够超越自身觉解的个体体验，上升到与他人相通的类意识层面。其次，应然性境界的维持依赖于人们的行动。在冯友兰看来，"境界有久暂"，人所处的境界是不稳定的。即使人生境界提升到了某种应然状态，但却会因为习染、人欲的缘故而"不能常驻

---

① PETER-PAUL V. Accompanying technology：philosophy of technology after the ethical turn［J］. Techné：Research in Philosophy and Technology，2010，14（1）：49-54.

② 张海燕. 中国哲学的精神：冯友兰文选［M］. 北京：国际文化出版公司，1997：467.

于此种境界"①。因此，要长久地维持这种应然境界，还需要另一种功夫——"用敬"，即以修养上的行为在人的主观上下功夫。对此，技术伦理实现的内在路径构成了人们发挥伦理潜能、锻炼道德修养的实践机制，通过对技术发展过程的持续的、系统的伦理伴随，有助于人们长久地维持在人生境界。

综上所述，在中国的思想传统中，人与物从来不是截然对立的二元关系，"成己"与"成物"的一体性也意味着个体德性潜能的实现包含着对物性规律与价值的认识与塑造。然而，在我国现代化的历史进程中，在引进学习西方先进科学技术成果及理念的过程中，也潜移默化地接受了其形而上学根基——二元论框架，形成了技术工具论、技术价值中立论的观念，也导致了对技术伦理的长期忽视和技术伦理的外在主义倾向。这不得不说是一种对历史的遗忘，一种与传统的断裂。对此，技术伦理实现的内在路径对人与技术相互关系在存在论维度上的肯定构成了"天人合一"观念在技术哲学领域的创造性转化，通过构建和实践技术–伦理的互嵌机制，也将促进"成己成物"观的创新性发展。

第二节　外化、异化与复归：内在路径的马克思主义阐释

马克思主义是我国进行社会主义现代化建设的最高理论指导，因此，内在路径的本土化还需要与马克思主义相结合。长期以来，国内的马克思主义理论界流行的一种观点是将马克思的技术观理解为工具主义基础上的技术中立论，因为马克思在研究工人与机器之间的斗争时曾指出，"工人要学会把机器和机器的资本主义应用区别开来，从而学会把自己的攻击从物质生产资料本身转向物质资料的社会使用形式"②。但从马克思思想的整体出发，尤其是结合马克思在历史唯物主义立场上对人的对象性存在的探讨，以及《资本论》中的二重化分析方法，不难发现，在马克思的技术观中，蕴含着丰富的关于人与技术关系的内在主义视角的解读，且包含着鲜明的实

---

① 冯友兰. 新原人：贞元六书 下 [M]. 上海：华东师范大学出版社，1996：560.

② 马克思，恩格斯. 马克思恩格斯文集：第 5 卷 [M]. 北京：人民出版社，2009：493.

践维度。本书将以人的本质力量的外化、异化与复归为线索，给出技术伦理实现内在路径的马克思主义阐释。

> 工业的历史和工业的已经生成的对象性的存在，是一本打开了的关于人的本质力量的书，是感性地摆在我们面前的人的心理学；对这种心理学人们至今还没有从它同人的本质的联系，而总是仅仅从外在的有用性这种关系来理解，因为在异化范围内活动的人们仅仅把人的普遍存在，宗教，或者具有抽象普遍本质的历史，如政治、艺术和文学等等，理解为人的本质力量的现实性和人的类活动。在通常的、物质的工业中，人的对象化的本质力量以感性的、异己的、有用的对象的形式，以异化的形式呈现在我们面前。
>
> ——马克思《1844年经济学哲学手稿》

马克思所生活的时代是技术力量初步显现的时代，以机器为代表的科学技术与生产的广泛结合催生了第一次工业革命，带来了生产力的快速发展。身处这一时代的马克思，无论是对于机器技术还是手工工艺以及各种新发明，都是十分重视的。正如恩格斯所说，"任何一门理论科学中的每一个新发现——它的实际应用也许还根本无法预见——都使马克思感到衷心喜悦"①。当然，马克思对于技术的探讨，并不仅仅满足于从它"外在的有用性"去理解，而是更关注它的"对象化"的本质，以及在特定历史阶段的"异化"形式，这源自马克思对人的本质的基本认识。

在《1844年经济学哲学手稿》（以下简称《手稿》）中，马克思在劳动和实践的基础上，对黑格尔关于"自我意识"的抽象思辨进行了批判，并在超越费尔巴哈的感性直观原则的基础上，提出了"人是对象性存在"的观点。"一个存在物如果在自身之外没有对象，就不是对象性的存在物……就是说，它没有对象性关系，它的存在就不是对象性存在。非对象性存在物是非存在物。"② 人作为对

---

① 马克思，恩格斯. 马克思恩格斯文集：第3卷 [M]. 北京：人民出版社，2009：602.
② 马克思，恩格斯. 马克思恩格斯文集：第1卷 [M]. 北京：人民出版社，2009：210.

象性的存在，其本质非先验的、固定不变的属性，而在于其实践活动，尤其是物质生产实践，即通过劳动创造和改变世界的过程。换言之，劳动不仅是生存的手段，更是人实现自我、展现本质力量的方式。"通过实践创造对象世界，改造无机界，人证明自己是有意识的类存在物。"① 在这一过程中，人将内在的思想、欲望、能力等本质力量外化为客观实在，即对象化。宗教、艺术、政治等一切由实践创造出来的产物都是人的本质力量的外化，技术也同样如此。因此，马克思强调不能仅仅"从外在的有用性"去理解人与技术的关系，而是将技术视作人的本质力量的外化，是人与自然界相互作用的中介。人类在劳动中实现了与自然界的物质、信息、能量互换，而这种互换的中介就是工具，它是衡量生产力发展水平的关键要素，塑造着人类的生产模式及其与外部世界的互动方式。这与继承自后现象学技术哲学、行动者网络理论等观点的技术调解理论有着内在契合之处。技术调解理论认为，人与技术的特性并非预先给定的，技术不仅仅是工具性的存在，更可以作为调解者，影响着人们对外部世界的感知，并参与共塑着人们的实践方式。正是这种经由技术构建起来的人与世界之间的实践关系，构成了人的主体性、世界的历史性"是其所是"的场所。

技术作为人的本质力量的外化，同时也构成了认识人类实践水平和人的本质力量的有效途径，"动物遗骸的结构对于认识已经绝种的动物的机体有重要的意义，劳动资料的遗骸对于判断已经消亡的经济的社会形态也具有同样重要的意义"②。通过对具体历史时期的技术实践及形态的考察，能够推断出该历史时期政治经济以及整个社会的发展程度，进而能够发掘其中蕴藏的人的存在状态。因此，历史唯物主义是马克思探讨人与技术关系的方法论原则。但这并不意味着马克思的研究只关注宏观的人类历史及理论的抽象，那种抽象地看待技术进步或者是仅将技术当作生产力的要素的观点恰恰是马克思所反对的。与技术哲学的经验转向相似，马克思同样关注具体的技术及其与人类在实践中的互动方式。事实上，在马克思的文

---

① 马克思，恩格斯. 马克思恩格斯文集：第1卷 [M]. 北京：人民出版社，2009：162.

② 马克思，恩格斯. 马克思恩格斯文集：第5卷 [M]. 北京：人民出版社，2009：210.

本中，更多是"使用了'技术'的下位概念述说技术现象。他往往在特殊技术系统言说技术的构成单元、运行机理与多重后果等，很少运用抽象统一的'技术'范畴及其理论体系进行概括和述说"①。换言之，马克思并不谈论抽象的大写的技术，而更多谈论具体的工艺、工具和机器。

在《资本论》的写作过程中，马克思专门考察了磨、纺织、造纸、铸字、钢笔制造等工艺流程技术及其演进，并通过大量的经验研究探讨了从工场手工业到机器大工业发展过程中技术形态及相关劳动方式的变化，具体体现为工具与机器的区别，以及人与其互动关系的改变。马克思反对以单一的动力类型为标准来划界工具与机器的差别，即认为"机器与工具的区别在于，工具的动力是人，机器的动力是不同于人力的自然力，如牲畜、水、风等等"②。他认为，机器是由"发动机，传动机构，工具机或工作机"三个部分组成的，真正让机器区别于工具的，是工具机。因为工具机的出现，意味着人与技术互动关系的彻底变革，作用于劳动对象的工具从人手中转移到机器上，手工工具的"上手性"被机器的"去身体化"所取代，不再依赖于劳动者的技巧和体力。自此，机器开始摆脱人体的自然限制，进而需要更高效的动力以满足工具机带来的高速生产节奏，这才促进了蒸汽机、内燃机等动力机的革新。通过传动机，机器将高效的产能输出和持久的动力供应集成起来，建立了远超人体自身肌肉和骨骼系统的机械化生产体系。基于此，从技术哲学的视角来看，马克思实际上是从人与技术关系的变革角度，提出了工具与机器的区别——机器的本质在于取代人的手工劳动，并在此基础上提出了"机器的这一部分——工具机，是 18 世纪工业革命的起点"③的观点。工业时代的到来建立在机器生产的基础之上，人类的本质力量也由此得到了空前的彰显。

然而，在资本主义生产的历史阶段，作为人本质力量"外化"的技术却"以异化的形式呈现在我们面前"，人与技术的关系在机器

---

① 王伯鲁. 马克思技术思想的特点与研究路径 [J]. 科学技术与辩证法，2008（3）：33-38.

② 马克思，恩格斯. 马克思恩格斯文集：第 5 卷 [M]. 北京：人民出版社，2009：428.

③ 马克思，恩格斯. 马克思恩格斯文集：第 5 卷 [M]. 北京：人民出版社，2009：429.

大工业的生产体系中发生了错位甚至颠倒。"在工场手工业和手工业中，是工人利用工具，在工厂中，是工人服侍机器。在前一种场合，劳动资料的运动从工人出发，在后一种场合，则是工人跟随劳动资料的运动。在工厂手工业中，工人是一个活机构的肢体。在工厂中，死机构独立于工人而存在，工人被当作活的附属物并入死机构。"①首先，机器运动的相对独立性使其摆脱了工人劳动的自然界限，从而造成了工作日的延长。"机器消灭了工作日的一切道德界限和自然界限。由此产生了经济学上的悖论，即缩短劳动时间的最有力的手段，竟变为把工人及其家属的全部生活时间转化为受资本支配的增殖资本价值的劳动时间的最可靠的手段。"②其次，工人的活动必须服从机器的运作速度，这种"机器劳动极度地损害了神经系统，同时它又压抑肌肉的多方面运动，夺去身体上和精神上的一切自由活动。甚至减轻劳动也成了折磨人的手段，因为机器不是使工人摆脱劳动，而是使工人的劳动毫无内容"③。总之，机器的异化造成了工人的异化，工人逐渐丧失了机器大工业的劳动过程中的主体地位，沦为机器的附庸。机器完全不会适应主体的特性，反而是工人被要求适应机器的特性，在机器面前，性格各异、体质不同的工人只具有一般劳动者的抽象属性，沦为了千篇一律、面目模糊的抽象的劳动力的提供者。置换到内在路径的语境中，尽管内在主义的技术伦理不再执着于强调和恢复人-技之间的主客体关系，但这种机器生产中的关系颠倒同样导致了一种人与技术的非本真性共在状态：工人沦为了死机构的附属物，完全被动地服从于机器的运作。机器的创制和支配权掌握在资本家，以及与资本家同一阵营的科学家手中，工人在"服从"与"反抗"之外不存在塑造与技术互动方式的可能性，这也是卢德主义运动为何会兴起的原因。

马克思在《资本论》中对资本主义生产方式进行了二重化探讨，这种分析方法同样适用于对机器的理解，并能够很好地解释机器从"外化"到"异化"这一矛盾现象。马克思指出，资本逻辑主导的

① 马克思，恩格斯. 马克思恩格斯文集：第5卷［M］. 北京：人民出版社，2009：486.

② 马克思，恩格斯. 马克思恩格斯文集：第5卷［M］. 北京：人民出版社，2009：469.

③ 马克思，恩格斯. 马克思恩格斯文集：第5卷［M］. 北京：人民出版社，2009：487.

生产过程总是劳动过程与资本价值增殖过程的统一。从劳动过程来看，机器是"劳动资料"的物质载体，从价值过程来看，机器则是"固定资本"的社会形式。在资本主义生产条件下，劳动过程始终被资本的价值增殖过程所笼罩和主宰，这就意味着，作为物质载体的机器体系必须服从于作为社会形式的"固定资本"属性。工场手工业阶段的资本积累和生产工具的专门化为机器的出现铺垫了基础，因而机器从诞生之初就被纳入了资本逻辑的支配范围。这决定了机器一经出场，就是以工人的竞争者的身份登场的。马克思在强调工具与机器的区别时提出，"即使人本身仍然是原动力，机器和工具之间的区别也是一目了然的。人能够同时使用的工具的数量，受到人天生的生产工具的数量，即他自己身体的器官数量的限制"①。"固定资本"属性的优先性表明，机器生产的首要目的是缩短必要劳动时间，提高相对剩余价值的生产率。因此，机器的首要目的是突破劳动者的肉体限制而提升劳动效率，进而生产出更多更廉价的商品，为资本的增殖服务。与此同时，机器除了政治经济学意义上的增殖功能之外，还具有社会政治层面上的权力宰制功能。这种权力宰制一方面表现为劳动过程中的微观权力，即对劳动技能的剥夺、对劳动者主体性的毁灭、对劳动者身体活动的规制等；另一方面表现为在整个社会生产领域内对劳动者的排斥以及对工人运动的镇压。

由以上分析可知，技术异化是在特定历史阶段和社会条件下产生的现象。但是，"这种颠倒的过程不过是历史的必然性，不过是从一定的历史出发点或基础出发的生产力发展的必然性，但决不是生产的一种绝对的必然性，倒是一种暂时的必然性，而这一过程的结果和目的（内在的）是扬弃这个基础本身以及扬弃过程的这种形式"②。资本利用机器体系以构成资本增殖的技术基础，但却无法抹除机器作为人类本质力量之外化的根本属性。因此，面对技术异化，更重要的是思考如何实现技术向"作为人的本质力量之外化"的根本属性的复归。在马克思看来，这种复归同样是一种历史的必然：技术的进步必然缩短必要劳动时间，冲击以交换价值为基础的资本

---

① 马克思，恩格斯. 马克思恩格斯文集：第5卷 [M]. 北京：人民出版社，2009：430.

② 马克思，恩格斯. 马克思恩格斯文集：第8卷 [M]. 北京：人民出版社，2009：208.

主义生产。"于是，以交换价值为基础的生产便会崩溃，直接的物质生产过程本身也就摆脱了贫困和对抗性的形式。个性得到自由发展，因此，并不是为了获得剩余劳动而缩减必要劳动时间，而是直接把社会必要劳动缩减到最低限度，那时，与此相适应，由于给所有的人腾出了时间和创造了手段，个人会在艺术、科学等等方面得到发展。"① 当然，这种历史的趋势还必须借助社会变革实践才能达成："技术发展致使人与劳动资料（包括机器）发生的激烈对抗，需要借助消除工人异化和劳动异化的社会变革来解决。"② 这种社会变革实践意味着通过对私有财产制度的积极扬弃，建立一种人道主义的技术社会——"当物按人的方式同人发生关系时，我才能在实践上按人的方式同物发生关系"③。到那时，人与技术的关系才能恢复本真性状态，现实的人才能够借助与技术的关系摆脱和超越限制与束缚，达成一种自由而全面的发展境界。

马克思站在唯物史观的高度为人与技术关系的复归提供了一种宏观指引及社会变革路径，而西方马克思主义技术哲学学者安德鲁·芬伯格（Andrew Feenberg）则在马克思的技术批判理论框架下拓展出一个新领域——"技术的设计批判"，其"技术代码（technical code）"概念提供了一种在当前的历史发展阶段更具现实意义的实践思路。在芬伯格看来，技术同时包含着技术要素和社会要素；技术的发展具有高度的情境依赖性，并受特定社会选择的导向。这种依赖和选择意味着在一定的历史和社会条件下，特定的利益、文化和意识形态等社会要素会转换为一种相对稳定的技术设计和技术实践方式。技术发展的过程就是将原本相对中性的技术要素按照社会文化要素的要求进行编码，这种编码过程产生的结果就是所谓的"技术代码"。实际上，在资本主义社会中，"资本主义的利益控制着技术的设计，而不仅仅控制着技术的目标的选择或应用方法。……技术在设计和发展中是由资本的社会目标所形成的，特别是由

---

① 马克思，恩格斯. 马克思恩格斯全集：第46卷 下 [M]. 北京：人民出版社，2003：218-219.

② 李三虎. 十字路口的道德抉择：马克思的技术伦理思想研究 [M]. 广州：广州出版社，2006：204.

③ 马克思. 1844年经济学哲学手稿 [M]. 北京：人民出版社，2000：86.

维持劳动分工的需要所形成的，而这种劳动分工能够安全地将劳动力置于控制之下"①。

　　然而，技术要素的配置方式是多样的，技术既可以服务于资本对劳动的统治，也可能作为实现劳动解放的手段。这就意味着，可以通过对技术的社会建构去干涉技术霸权体系的形成，释放被资本压制的作为解放性力量的技术潜能。对此，芬伯格提出"技术民主化"的方案，即"以技术为中介的制度的民主化"②。具体来说，就是扩大技术参与者的范围，赋予那些缺乏经济、文化或政治资本的群体以接近设计过程的权力，使其能够通过技术争论、创新对话和参与设计以及创造性再利用等具体方式，达成一种利益上的多元平衡，最终实现以"更充分的个人发展为中心来将技术代码和经济代码结合起来"③的目的。芬伯格的"技术代码"概念和"技术民主化"方案实际上是在技术批判理论的基础上融合了STS的研究方法，通过打开技术黑箱，将对技术异化的批判及应对策略具体到技术的社会建构和设计实践当中，从而开启了一条克服技术异化的政治学路径。

　　综上，马克思主义从人的劳动实践出发理解人的本质——"不是处在某种虚幻的离群索居和固定不变状态中的人，而是处在现实的、可以通过经验观察到的、在一定条件下进行的发展过程中的人"④。技术作为劳动工具和方式的体现，构成了人与自然界相互作用的中介，是人的本质力量的外化。因此，"人类不能脱离技术而被理解，正如技术不能脱离人类被理解一样"⑤。也正是因为如此，随着资本主义生产方式的出场，作为劳动工具的技术发展为机器体系，这种"去人化"的运作机制契合了资本控制劳动的内在需求，从而

---

① 安德鲁·芬伯格. 技术批判理论 [M]. 韩连庆，曹观法，译. 北京：北京大学出版社，2005：56.

② 安德鲁·芬伯格. 技术批判理论 [M]. 韩连庆，曹观法，译. 北京：北京大学出版社，2005：192.

③ 安德鲁·芬伯格. 技术批判理论 [M]. 韩连庆，曹观法，译. 北京：北京大学出版社，2005：191.

④ 马克思，恩格斯. 马克思恩格斯文集：第1卷 [M]. 北京：人民出版社，2009：525.

⑤ PETER-PAUL V. Resistance is futile：toward a non-modern democratization of technology [J]. Techné：Research in Philosophy and Technology，2013，17（1）：77.

使技术被资本裹挟和编码，在固定资本的社会形式中异化了与人的关系，人的本质也随之异化。对此，马克思提出要靠对私有财产制度的积极扬弃，靠生产力的进一步发展破除技术异化的根源，实现技术向人的本质的复归；而在马克思之后，芬伯格提出了"技术民主化"的改革方案以破除技术与资本耦合形成的霸权，释放技术的解放潜力，从而使人–技关系的复归道路与内在主义的技术伦理实践结合了起来。

第三节　面向高水平科技自立自强的现实需求

党的二十大报告明确提出把"实现高水平科技自立自强，进入创新型国家前列"作为到 2035 年基本实现社会主义现代化的重要目标。作为科技发展的一体两面，科技创新和科技伦理治理相辅相成，将共同促进科技向善发展。因此，在这一时代进程中，内在路径的本土化必须面向我国高水平科技自立自强的现实需求，扎根于我国现代化建设的实践土壤，服务于完善科技伦理治理体系，以更好发挥内在路径的积极作用。

高水平科技自立自强蕴含"把控力强"的高阶要求，即能够把握自身乃至全球科技发展的趋势与方向，确保科技向善和安全可控。① 然而，由于科技活动是人类参与其中的实践活动，科学试验的设计、科研成果的推广应用等都渗透着人的价值判断，也就存在被误用、滥用的风险。明晰的科技伦理治理规则能够为科技活动提供支持，使科研人员在伦理规则的保障下顺利开展科学研究，进而推动科技活动的健康有序发展，形成科技伦理和科技活动良性互动的有机边界，让科技创新更可持续。与此同时，高水平科技自立自强的外在表征体现为凭借科技实力优势在国际社会上获得制度性话语权和规则制定主导权、占据产业链和价值链制高点、推进国际大科学合作和科技援助。随着全球科技竞争逐渐激烈，科技向善本应成为全人类的共同追求，但在现实环境下，科技伦理治理却部分演变

---

① 温军，张森. 科技自立自强：逻辑缘起、内涵解构与实现进路［J］. 上海经济研究，2022（8）：5-14.

成一国对他国科技发展实施"卡脖子"的手段，伦理壁垒、伦理倾销等现象屡有发生。在此背景下，以科技伦理治理为先导，构建转型图存、安全发展的科技大局观，不仅有助于推动我国科技发展弯道超车、后来居上，还有助于使中国在世界科技战略博弈的过程中抢占主动权，保证前沿科技健康发展。

随着内在路径的逐渐成型，科技伦理治理也经历了"从外在的伦理规范转变为技术与伦理互嵌伴随"①的过程，这使技术伦理拓展到与工程相关、政策相关的领域当中，从而更加契合了实现高水平科技自立自强的现实路径。

第一，内在路径的多元主体协同参与机制能够有效推动实现高水平科技自立自强。在实现高水平科技自立自强的过程中，多主体协同创新能够有效发挥我国的制度优势，实现集中力量办大事。新时代多主体协同创新强调以国家重大战略任务为导向，以技术工作者、政府部门、中介机构等为主体，通过制度创新，充分利用新一代信息技术，实现资源共享，发挥各自优势，形成创新合力。②而在推动技术伦理实现的内在路径过程中，多元协同参与机制能够使各主体在发挥其创新优势的同时，规范和协调自身的行为，推动科技活动合乎伦理地发展。

具体而言，技术伦理的多元协同参与机制体现在技术活动的各个阶段中。首先，以技术工作者为主导，在技术设计阶段进行伦理嵌入，让技术设计负载利益相关者的价值观，使设计实践符合特定的伦理道德考量。对于技术产品而言，就是让具体的价值取向和道德规范嵌入到技术物的物理结构当中，并通过技术功能的发挥得以实现。其次，以伦理委员会为主导，在技术试验阶段进行伦理评估，通过对技术伦理效应的预测与识别、伦理问题的分析与澄清，以及解决方案的开发与确定来修正和完善技术开发方案。再次，以政府部门为主导，在技术推广阶段进行伦理调适，实现技术产品的价值导向与社会价值系统的顺利融合。最后，在技术使用阶段，以使用

---

① 贾璐萌，陈凡. 当代技术伦理实现的范式转型［J］. 东北大学学报（社会科学版），2021, 23（2）：5.

② 崔云朋，乔瑞金. 新时代创新主体实践路径研究［J］. 经济问题，2020（2）：10-17, 57.

者为主导，通过"善用"承担起对他者、对世界的责任，同时通过审慎的、创造性的使用避免沦为盲目的行动者。由此，通过在技术活动的各阶段中对不同的主体进行伦理引导，实现技术创新和伦理规制的有机融合，有助于推动科技朝着良性发展的方向前进。

第二，通过在教育与评价机制中引入对科研人员伦理素质的关注，能够有效推动科技与伦理的深度融合，助力实现高水平科技自立自强。在人才培养方面，通过完善科技伦理人才培养机制，培养高素质、专业化的科技伦理治理人才，有助于丰富我国的科技人才队伍。针对生命科学、医学、实验动物、人工智能等科技伦理治理的重点领域，探索在部分高校开展定点教育的试点计划，逐步将科技伦理教育作为相关专业学科本专科生、研究生教育的重要内容，鼓励高校开设科技伦理课程，有针对性地培养能满足各类创新主体和科技伦理管理岗位需求的专门人才，将有助于多元主体协同参与机制的真正落实，推动科技人才在发挥创新能力的同时更好地实现科技向善发展。

在人才评价机制中引入对科研人员伦理素质的关注，有助于防控科技伦理风险，提升国家对科技发展方向的掌控力。论文数量、人才"帽子"等显性成果导向的人才评价机制无形之中固化了"五唯"导向，由此导致的学术不端、科研诚信等问题频繁出现，甚至还有少数科研人员为获取优渥待遇而枉顾科研伦理，进行高风险的科学研究。而包含伦理维度的成效评价，不同于一般的科技治理对设备、经费、成果、效益等"物"的因素的管理评价，而是涉及科技人员的软性伦理素养，具体表现为科技人员的科技伦理意识和自律能力、识别和解决科技前沿伦理问题的能力、进行恰当伦理决策并付诸实践的能力，等等。

第三，伴随科技发展的伦理评估、审查和监管机制可有效应对科技风险，确保科技发展的正确方向。在应对伦理和安全风险方面，国际上主要有基于先行原则和防范原则两种不同监管模式。前者倾向于科技进步先行，认为伦理问题会随科技进步被解决，不应对科技创新加以限制。后者倾向于如果某项技术存在对公众和生态等造成伤害的潜在风险，即使这项技术没有在科学上达成明确存在风险的共识，那么证明该技术无害的责任应由政策制定者承担。防范原则是世界主要发达国家和地区制定新兴科技领域伦理监管制度的基础，从国际经验看，世界主要发达国家和地区的科技创新能力很强，同时其科技伦理监管也往往较严格，已形成伦理监管是促进高质量和负责任创新的基本理念。从已有案例看，如果对科技创新放任不管，可能出现更多的"基因编辑婴儿"事件。因此，如何有效发挥科技伦理监管的作用，是科技伦理治理的重要内容，也是促进科技创新良性发展的题中之义。

对此，内在路径在先行原则与防范原则的张力与平衡中，提供了一条伴随技术发展的科技伦理监管思路。相较于传统的伦理监管，基于"伴随技术发展"的伦理监管思路强调"不应该将伦理视作外在于技术发展与使用并预先设定伦理评估的标准，而要考虑到技术物对'美好生活'概念内涵的建构性影响，认识到人们关于'美好生活'的认知及感受是在与技术的互动中不断变化的"①。因此，伦理审查与监管并非置身技术之外的强制性约束与防范，而是要伴随并参与技术的研发、使用及其社会化的全生命周期。针对重点领域的科技计划项目，要严格执行事前审批、事中监督和事后跟踪的监管流程，并在其中嵌入可操作的科技伦理管理要求。针对已立项的科技计划项目，伦理监管的侧重点应在于出台细化可操作的伦理审查和管理配套落实文件，包括明确是否在项目管理机构设立专门的伦理管理部门开展综合层面的监管，明确科研人员、科研单位、项目管理机构等的伦理管理责任，组织科技成果的伦理评估，加强对违反科技伦理事件的查处和惩治力度，等等。

第四，加快建设科技伦理国际协同治理机制，有助于推动我国增强国际话语权，深度参与国际科技合作。在新一轮科技革命和产业变革中，各国为了抢占制高点和先机，均加大了对半导体、人工智能、云计算、大数据、新材料和生物技术等具有代表性的新兴技术领域的投资，国际科技竞争与博弈日趋激烈。随着中国科技创新能力和创新水平的不断提高，美国联合部分盟国，以维护国家安全

---

① PETER-PAUL V. Moralizing technology: understanding and designing the morality of things [M]. Chicago: The University of Chicago Press, 2011: 159

和科技伦理准则为名，不断加大对我国的科技防范与围堵力度。我国在国际科技创新中的被动处境反映在科技伦理治理中，主要体现为科技伦理文化和重要科技伦理治理实践国际传播的意识和能力不足，传播范围有限。尽管近年来中国学者积极参与世界卫生组织《卫生健康领域人工智能伦理与治理指南》、联合国教科文组织《人工智能伦理问题建议书》等国际伦理规范的制定，但总体来看，与中国目前的科技发展水平相比，中国学者在国际科技组织、科技伦理治理规则制定中的参与度和代表性还有进一步提升空间，在国际科技伦理规范制修订中发挥引导和贡献的作用不足。

开放创新是当今科技创新的趋势和实现高水平科技自立自强的必然选择。面对发达国家对我国科技创新的围堵，我国不仅要保持战略定力，主动"走出去"，积极参与全球科技创新，增加对国际气候变化、绿色发展等全球重大议题、基础科学研究等全球公共产品的投入，还要主动参与科技伦理全球治理，将参与国际伦理议题讨论和国际伦理规则制定纳入建设科技强国的重要内容，加强与其他国家的科技伦理治理协作。及时向国际社会阐明中国科技伦理立场、方案和实践经验，让中国的科技伦理思想成为国际伦理治理的重要组成部分。总之，通过深度参与国际科技创新，有助于增加我国在国际科技伦理协同治理过程中的话语权，并为我国的技术发展与推广创造良好的国际环境。

参考文献

[1] 马克思,恩格斯.马克思恩格斯全集:第46卷 下[M].北京:人民
出版社,2003.

[2] 马克思,恩格斯.马克思恩格斯文集:第1卷[M].北京:人民出
版社,2009.

[3] 马克思,恩格斯.马克思恩格斯文集:第3卷[M].北京:人民出
版社,2009.

[4] 马克思,恩格斯.马克思恩格斯文集:第5卷[M].北京:人民出
版社,2009.

[5] 马克思,恩格斯.马克思恩格斯文集:第8卷[M].北京:人民出
版社,2009.

[6] 马克思,恩格斯.马克思恩格斯选集:第1卷[M].北京:人民出
版社,1995.

[7] 马克思.1844年经济学哲学手稿[M].北京:人民出版社,2000.

[8] 中国国家机器人标准化总体组.中国机器人伦理标准化前瞻:
2019[M].北京:北京大学出版社,2019.

[9] 教育部社会科学研究与思想政治工作司.自然辩证法概论[M].
北京:高等教育出版社,2004.

[10] 陈多闻.技术使用的哲学探究[D].沈阳:东北大学,2009.

[11] 陈多闻.论技术使用者的人性责任[J].科学技术哲学研究,
2012,29(2):56-60.

[12] 陈凡,陈多闻.论技术使用者的三重角色[J].科学技术与辩证
法,2009,26(2):49-53,112.

[13] 陈凡,傅畅梅.现象学技术哲学:从本体走向经验[J].哲学研

究,2008(11):102-108.

[14] 陈凡,贾璐萌.技术控制困境的伦理分析:解决科林格里奇困境的伦理进路[J].大连理工大学学报(社会科学版),2016(1):77-82.

[15] 陈凡,贾璐萌.技术伦理学新思潮探析:维贝克"道德物化"思想述评[J].科学技术哲学研究,2015(6):54-59.

[16] 陈凡.技术社会化引论[M].北京:中国人民大学出版社,1995.

[17] 陈鼓应.庄子今注今译[M].北京:中华书局,2016.

[18] 陈朦.论数字劳动及其主体性悖论[J].当代世界与社会主义,2022(5):35-41.

[19] 陈帅,林滨.从知识主体向伦理主体的回归:福柯生存美学的伦理维度[J].中南大学学报(社会科学版),2017(4):64-70.

[20] 陈首珠.当代技术-伦理实践形态研究[D].南京:东南大学,2015.

[21] 陈首珠,刘宝杰,夏保华.论"技术-伦理实践"在场的合法性:对荷兰学派技术哲学研究的一种思考[J].东北大学学报(社会科学版),2013(1):14-18.

[22] 陈玉林,陈多闻.技术使用者研究的三种主要范式及其比较[J].自然辩证法通讯,2011,33(1):75-80,127-128.

[23] 崔云朋,乔瑞金.新时代创新主体实践路径研究[J].经济问题,2020(2):10-17,57.

[24] 杜宝贵.论技术责任主体的缺失与重构[M]沈阳:东北大学出版社,2005.

[25] 丁东红.现代西方人本主义思潮[J].中共中央党校学报,2009,13(4):16-20.

[26] 段伟文.机器人伦理的进路及其内涵[J].社会与科学,2015,5(2):35-45,54.

[27] 樊东.大学·中庸译注[M].上海:上海三联书店,2013.

[28] 冯胜利.从人本到逻辑的学术转型:中国学术从传统走向现代的抉择[J].社会科学论坛,2003(1):7-27.

[29] 冯友兰.三松堂全集:第四卷[M].郑州:河南人民出版社,2001.

[30] 冯友兰.贞元六书:下[M].上海:华东师范大学出版社,1996.

[31] 付小平.藏礼于器:中国餐具的礼仪教化功能研究[J].西南民族大学学报(人文社科版),2009(9):224-230.

[32] 管开明,李锐锋.论现代技术伦理评价的原则[J].武汉科技大学学报(社会科学版),2011,13(5):519-522,528.

[33] 顾世春.技术人工物本性理论的新发展[J].科学技术哲学研究,2016,33(6):69-73.

[34] 甘绍平.交谈伦理能够涵盖责任伦理吗?[J].哲学动态,2001(8):14-16.

[35] 韩非子.韩非子[M].高华平,王齐洲,张三夕,译.北京:中华书局,2014.

[36] 黄俊锋.物理环境的有序性对个体道德判断与行为的影响[D].重庆:西南大学,2016.

[37] 黄云云,胡平,邓欢.特质共情对道德判断的影响:来自ERP的证据[J].中国临床心理学杂志,2023,31(6):1315-1319.

[38] 胡明艳.纳米技术发展的伦理参与研究[M].北京:中国社会科学出版社,2015.

[39] 胡雯.新兴技术的治理困境与应对路径[J].科技管理研究,2023,43(8):47-54.

[40] 胡艺馨,何英为,王大伟.道德决策中的情绪作用[J].山东师范大学学报(人文社会科学版),2018,63(6):124-133.

[41] 贾璐萌,陈凡.当代技术伦理实现的范式转型[J].东北大学学报(社会科学版),2021,23(2):1-7.

[42] 蒋雯.自我技术的三种实践[J].中国图书评论,2016(8):18-23.

[43] 蓝江.一般数据、虚体、数字资本:数字资本主义的三重逻辑[J].哲学研究,2018(3):26-33,128.

[44] 兰甲云.周易通释[M].长沙:岳麓书社,2016.

[45] 李三虎.十字路口的道德抉择:马克思的技术伦理思想研究[M].广州:广州出版社,2006.

[46] 李世新.工程伦理意识淡漠的原因分析[J].北京理工大学学报

（社会科学版），2006（6）：93-97.

[47] 李文潮，刘则渊.德国技术哲学研究[M].沈阳：辽宁人民出版社，2005.

[48] 李醒民.论技治主义[J].哈尔滨工业大学学报（社会科学版），2005（6）：1-5.

[49] 刘宝杰.技术-伦理并行研究的合法性[J].自然辩证法研究，2013，29（10）：34-37.

[50] 刘婵娟，翟渊明，刘博京."负责任创新"的伦理内涵与实现[J].浙江社会科学，2019（3）：94-99，158.

[51] 刘大椿.关于技术哲学的两个传统[J].教学与研究，2007（1）：33-37.

[52] 刘峰.道德共识何以达成：哈贝马斯的商谈伦理及其实现道路[J].武汉科技大学学报（社会科学版），2011，13（6）：643-647.

[53] 刘永谋.安德鲁·芬伯格论技治主义[J].自然辩证法通讯，2017，39（1）：124-129.

[54] 刘战雄.论负责任创新的全责任本质[J].自然辩证法研究，2018，34（10）：40-45.

[55] 刘志军.论先秦道家科技伦理思想[D].长沙：长沙理工大学，2010.

[56] 廖苗.负责任创新理念下科研人员的伦理参与责任[J].洛阳师范学院学报，2018，37（6）：13-19.

[57] 林慧岳，黄柏恒.荷兰技术哲学的经验转向及其当代启示[J].自然辩证法研究，2010，26（7）：31-36.

[58] 梁竞文.企业开展工程伦理教育的可行性分析：以九家大型央企为例[J].科技管理研究，2017，37（24）：255-259.

[59] 龙翔，盛国荣.工程伦理教育的三大核心目标[J].高等工程教育研究，2011（4）：76-81.

[60] 鲁笛.国际运营商移动互联网公平使用原则策略分析及对中国运营商的借鉴意义[J].信息通信技术，2012，6（6）：17-23.

[61] 卢风.应用伦理学概论[M].北京：中国人民大学出版社，2015.

[62] 卢梭.论科学与艺术的复兴是否有助于使风俗日趋纯朴[M].

李平沤,译.北京:商务印书馆,2011.

[63] 芦文龙.技术人工物作为道德行动体:可能性、存在状态及伦理意涵[J].自然辩证法研究,2016,32(8):45-50.

[64] 吕雪梅.以关系的方式探索"机器人"的道德地位:兼论道德思维范式的转变[J].内蒙古大学学报(哲学社会科学版),2014,46(5):30-35.

[65] 马会端.实用主义分析技术哲学[D].沈阳:东北大学,2004:28.

[66] 阿明·格伦瓦尔德.技术伦理学手册[M].吴宁,译.北京:社会科学文献出版社,2017:687.

[67] 马小虎.海德格尔与亚里士多德的共在论比较[J].道德与文明,2018(2):51-58.

[68] 毛新志.脑成像技术对道德责任判定的挑战[J].中国医学伦理学,2011,24(2):135-140.

[69] 潘恩荣.工程设计哲学:技术人工物的结构与功能之间的关系[M].北京:中国社会科学出版社,2011.

[70] 潘恩荣.技术哲学的两种经验转向及其问题[J].哲学研究,2012(1):98-105,128.

[71] 舒国滢.决疑术:方法、渊源与盛衰[J].中国政法大学学报,2012(2):5-21,159.

[72] 宋健峰,王玉宝,吴普特.灌溉用水反弹效应研究综述[J].水科学进展,2017,28(3):452-461.

[73] 苏颖.中国互联网公共讨论中的多元共识:基于政治文明发展进程里的讨论[J].国际新闻界,2012,34(10):23-29.

[74] 汤漳平,王朝华.老子[M].北京:中华书局,2014.

[75] 王伯鲁.马克思技术思想的特点与研究路径[J].科学技术与辩证法,2008(3):33-38.

[76] 王兵.论生态建筑技术社会化的四项原则[J].学术论坛,2003(6):44-46.

[77] 王兵,王春胜.论环境技术社会化与社会调适[J].科技进步与对策,2006(6):75-77.

[78] 王东浩.基于技术和伦理角度的机器人的发展趋势[J].衡水学

院学报,2013,15(5):57-62.

[79] 王干,万志前.论促进生态技术发展的法律制度安排[J].华中科技大学学报(社会科学版),2006(6):39-42.

[80] 王国轩,王秀梅.孔子家语[M].北京:中华书局,2011.

[81] 王国豫.德国技术哲学的伦理转向[J].哲学研究,2005(5):94-100.

[82] 王国豫.科技伦理治理的三重境界[J].科学学研究,2023,41(11):1932-1937.

[83] 王辉.从"权力的技术"到"自我的技术":福柯晚期"技术-伦理"思想研究[J].浙江社会科学,2014(9):103-109,159-160.

[84] 王健,陈凡,曹东溟.技术社会化的单向度及其伦理规约[J].科学技术哲学研究,2011,28(6):52-55.

[85] 王健.技术伦理规约的过程性[J].东北大学学报(社会科学版),2003(4):236-237.

[86] 王健.论技术伦理规约[D].沈阳:东北大学,2003.

[87] 王靖宇,史安娜.低碳技术扩散中政府管理的国际经验比较研究[J].华东经济管理,2011,25(5):19-22.

[88] 王前.技术伦理通论[M].北京:中国人民大学出版社,2010.

[89] 王小伟."酷玩"的技术哲学[J].洛阳师范学院学报,2019,38(1):10-15.

[90] 王小伟,姚禹.负责任地反思负责任创新:技术哲学思路下的RRI[J].自然辩证法通讯,2017,39(6):37-43.

[91] 吴国盛.技术哲学经典读本[M].上海:上海交通大学出版社,2008.

[92] 吴莹,卢雨霞,陈家建,等.跟随行动者重组社会:读拉图尔的《重组社会:行动者网络理论》[J].社会学研究,2008(2):218-234.

[93] 吴毓江.墨子校注:上[M].孙启治,点校.北京:中华书局,1993.

[94] 吴毓江.墨子校注:下[M].孙启治,点校.北京:中华书局,1993.

[95] 温军,张森.科技自立自强:逻辑缘起、内涵解构与实现进路[J].上海经济研究,2022(8):5-14.

[96] 魏雷东.道德思维的逻辑结构与形态演进:规范、语言与共识[J].湖南大学学报(社会科学版),2015,29(5):125-130.

[97] 汪民安.福柯的界线[M].南京:南京大学出版社,2008.

[98] 汪托,黎明,席晓波.无障碍盲道优化设计研究[J].市政技术,2017(4):38-40.

[99] 奚冬梅,隋学深.技术的人性追求:马克思技术与社会伦理关系思想论析[J].理论月刊,2012(3):24-26.

[100] 肖德武.科学技术的伦理意蕴[D].济南:山东师范大学,2007.

[101] 肖健.彼彻姆和查瑞斯的生命伦理原则主义进路评析[J].道德与文明,2009(1):43-46.

[102] 肖雷波,柯文.技术评估中的科林格里奇困境问题[J].科学学研究,2012,30(12):1789-1794.

[103] 邢怀滨,陈凡.技术评估:从预警到建构的模式演变[J].自然辩证法通讯,2002(1):38-43.

[104] 许灵毓,钟义信,陈志成.社交机器人对社会舆论的影响因素研究[J].智能系统学报,2024,19(1):122-131.

[105] 夏永红,王行坤.机器中的劳动与资本:马克思主义传统中的机器论[J].马克思主义与现实,2012(4):53-61.

[106] 熊嬗.器以藏礼:中国设计制度研究[D].北京:中央美术学院,2007.

[107] 徐朝旭.中国古代科技伦理思想[M].北京:科学出版社,2010.

[108] 晏萍,张卫,王前."负责任创新"的理论与实践述评[J].科学技术哲学研究,2014,31(2):84-90.

[109] 杨大春.身体经验与自我关怀:米歇尔·福柯的生存哲学研究[J].浙江大学学报(人文社会科学版),2000(4):116-123.

[110] 杨国荣.论意志软弱[J].哲学研究,2012(8):98-106.

[111] 杨建兵.论亚里士多德伦理学的实现范畴[J].武汉大学学报(人文科学版),2005(5):540-545.

[112] 杨庆峰,赵卫国.技术工具论的表现形式及悖论分析[J].自然辩证法研究,2002(4):55-57,80.

[113] 杨阳.卫生技术评估中的伦理评估及其意义[J].自然辩证法

研究,2016,32(8):68-72.

[114] 闫宏秀.技术的价值选择支撑探微[J].科学技术哲学研究,2009,26(6):65-69.

[115] 闫宏秀.技术过程的价值选择研究[M].上海:上海人民出版社,2015.

[116] 闫欣芳,邱慧.互动对话模式的在线教育如何可能:芬伯格的教育技术哲学探究[J].自然辩证法研究,2016,32(9):102-106.

[117] 袁立国.数字资本主义批判:历史唯物主义走向当代[J].社会科学,2018(11):115-122.

[118] 余威震,罗小锋,李容容,等.绿色认知视角下农户绿色技术采纳意愿与行为悖离研究[J].资源科学,2017,39(8):1573-1583.

[119] 易显飞.论两种技术哲学融合的可能进路[J].东北大学学报(社会科学版),2011,13(1):18-22.

[120] 张本祥,孙博文,马克明.非线性的概念、性质及其哲学意义[J].自然辩证法研究,1996(2):11-17,47.

[121] 张春美.人类克隆的伦理立场与公共政策选择[J].自然辩证法通讯,2010,32(6):52-60,122-123,127.

[122] 张海焘.中国哲学的精神:冯友兰文选[M].北京:国际文化出版公司,1997:467.

[123] 张恒力.技术评估的伦理整合[J].科技管理研究,2004(5):107-108.

[124] 张恒力,钱伟量.美国工程伦理教育的焦点问题与当代转向[J].高等工程教育研究,2010(2):31-34,46.

[125] 张静,孙慧轩.群体行为的研究现状与展望[J].北京邮电大学学报(社会科学版),2016,18(3):91-98.

[126] 张克政.冯友兰人之精神生命理论刍议:再论冯友兰《新原人》之境界哲学与功夫理论[J].中国矿业大学学报(社会科学版),2014,16(1):125-130.

[127] 张铃.西方工程哲学思想的历史考察与分析[D].沈阳:东北大

学,2006.

[128] 张楠.当代技术发展中的责任伦理研究[D].大连:大连理工大学,2006.

[129] 张廷国,李佩纹.论福柯的"主体"概念[J].江海学刊,2016(6):52-56.

[130] 张卫.当代技术伦理中的"道德物化"思想研究[D].大连:大连理工大学,2014.

[131] 张卫.符号消费时代的生态设计[J].自然辩证法研究,2014,30(11):67-71,25.

[132] 张卫.内在主义技术伦理学研究[M].北京:人民出版社,2023.

[133] 张卫,王前.论技术伦理学的内在研究进路[J].科学技术哲学研究,2012(3):46-50.

[134] 张卫,王前.劝导技术的伦理意蕴[J].道德与文明,2012(1):102-106.

[135] 张燕.我国生态农业技术推广体系的构建[J].农村经济,2011(2):100-103.

[136] 周昌乐.机器意识能走多远:未来的人工智能哲学[J].人民论坛·学术前沿,2016(13):81-95.

[137] 赵敦华.现代西方哲学新编[M].北京:北京大学出版社,2012.

[138] 赵乐静,郭贵春.我们如何谈论技术的本质[J].科学技术与辩证法,2004(2):45-50,93.

[139] 赵乐静.可选择的技术:关于技术的解释学研究[D].太原:山西大学,2004.

[140] 赵磊,厉基巍.与数字技术同行:技术与技能互构视角下的劳动过程研究 以外卖骑手为例[J].新视野,2023(6):46-54.

[141] 赵玲.消费合宜性的伦理意蕴[M].北京:社会科学文献出版社,2007.

[142] 赵瑜,周江伟.人工智能治理原则的伦理基础:价值立场、价值目标和正义原则[J].浙江社会科学,2023(1):109-118,159-160.

[143] 郑杭生.社会学概论新修[M].北京:中国人民大学出版社,

2003.

[144] 郑泉,白惠仁.面向未来的责任:深入推进科技伦理治理的路径思考[J].今日科苑,2023(3):40-47.

[145] 郑作彧.物-人关系的基本范畴:新唯物主义社会学综论[J].社会学研究,2023,38(2):72-92,227-228.

[146] 仲伟佳.美国工程伦理的历史与启示[D].杭州:浙江大学,2007.

[147] 钟毅平,占有龙,李璠,等.道德决策的机制及干预研究:自我相关性与风险水平的作用[J].心理科学进展,2017,25(7):1093-1102.

[148] 周智.基于伦理思想的设计理念分析与研究[D].长沙:湖南大学.2008.

[149] C.胡比希.技术伦理需要机制化[J].王国豫,编译.世界哲学,2005(4):78-82.

[150] 汉斯·伦克.人与社会的责任:负责的社会哲学[M].陈巍,励洁丹,任春静,译.杭州:浙江大学出版社,2020.

[151] 汉斯·约纳斯.技术、医学与伦理学:责任原理的实践[M].张荣,译.上海:上海译文出版社,2008.

[152] 汉斯·约纳斯.责任原理:技术文明时代的伦理学探索[M].方秋明,译.香港:世纪出版有限公司,2013.

[153] 马丁·海德格尔.存在与时间[M].陈嘉映,王庆节,译.北京:商务印书馆,2016.

[154] 马丁·海德格尔.存在的天命:海德格尔技术哲学文选[M].孙周兴,编译.杭州:中国美术出版社,2018.

[155] 埃米尔·涂尔干.社会分工论[M].渠东,译.北京:生活·读书·新知三联书店,2000.

[156] 昂利·圣西门.圣西门选集[M].董果良,赵鸣远,译.北京:商务印书馆,1985.

[157] 米歇尔·福柯.福柯读本[M].汪民安,译.北京:北京大学出版社,2010.

[158] 米歇尔·福柯.自我技术:福柯文选 Ⅲ[M].汪民安,编译.北

京:北京大学出版社,2016.

[159] 皮埃尔·费迪达,罗尼·布罗曼,达尼尔·鲍里奥,等.科学与哲学的对话[C].韩劲草,刘珂,赵春宇,等译.北京:生活·读书·新知三联书店,2001.

[160] 索菲亚·佩乐,伯纳德·雷伯.从伦理审查到负责任研究与创新[M].陈佳,译.沈阳:辽宁人民出版社,2023.

[161] 菲利普·布瑞.技术哲学:从反思走向建构[J].王楠,朱雅婷,译.工程研究,2014,6(2):129-136.

[162] 菲利普·布瑞.经验转向之后的技术哲学[J].闫宏秀,译.洛阳师范学院学报,2013,32(4):9-17.

[163] 彼得·保罗·维贝克.将技术道德化:理解与设计物的道德[M].闫宏秀,杨庆峰 译.上海:上海交通大学出版社,2016.

[164] 安德鲁·芬伯格.可选择的现代性[M].陆俊,严耕,译.北京:中国社会科学出版社,2003.

[165] 安德鲁·芬伯格.技术批判理论[M].韩连庆,曹观法,译.北京:北京大学出版社,2005.

[166] 马歇尔·麦克卢汉.理解媒介:论人的延伸[M].何道宽,译.北京:商务印书馆,2000.

[167] 艾伦·伍德.黑格尔的伦理思想[M].黄涛,译.北京:知识产权出版社,2016.

[168] 查尔斯·E.哈里斯,迈克尔·S.普里查德,迈克尔·J.雷宾斯,等.工程伦理:概念与案例[M].丛杭青,沈琪,魏丽娜,等译.5版.杭州:浙江大学出版社,2018.

[169] 卡尔·米切姆.技术哲学概论[M].殷登祥,曹南燕,译.天津:天津科学技术出版社,1999.

[170] 刘易斯·芒福德.技术与文明[M].陈允明,王克仁,李华山,译.北京:中国工业出版社,2009.

[171] 迈克尔·戴维斯.像工程师那样思考[M].丛杭青,沈琪,译.杭州:浙江大学出版社,2012.

[172] 斯坦利·米尔格拉姆.对权威的服从[M].赵萍萍,王利群,译.北京:新华出版社,2015.

［173］ 唐纳德·A. 诺曼.设计心理学1：日常的设计［M］.小柯，译.北京：中信出版社，2015.

［174］ 唐·伊德.让"事物"说话：后现象学与技术科学［M］.韩连庆，译.北京：北京大学出版社，2008.

［175］ 唐·伊德.技术与生活世界：从伊甸园到尘世［M］.韩连庆，译.北京：北京大学出版社，2012.

［176］ 唐·伊德.1975—1995 年间的技术哲学［J］.郭冲辰，樊春花，译.世界哲学，2003（6）：77-81.

［177］ 维克多·帕帕奈克.为真实的世界设计［M］.周博，译.北京：中信出版社，2012.

［178］ 肖莎娜·祖博夫.监控资本主义时代：基础与演进［M］.温泽元，译.台北：时报文化出版公司，2020.

［179］ 弗里德里希·A.哈耶克.科学的反革命［M］.冯克利，译.南京：译林出版社，2012.

［180］ 弗朗西斯·培根.新大西岛［M］.何新，译.北京：商务印书馆，1979.

［181］ ADAM B，ROBERT F.A new philosophy for the 21st century［J］.The Chronicle of Higher Education，2011，58（17）：10-12.

［182］ ALBERT H T.Technology and man's future［M］.New York：St. Martin's Press，1977.

［183］ AMANDA B.Tackling ethical issues in health technology assessment：a proposed framework［J］.International Journal of Technology Assessment in Health Care，2011，27（3）：230-237.

［184］ ARMIN G.Against over-estimating the role of ethics in technology development［J］.Science & Engineering Ethics，2000，6（2）：181 -196.

［185］ ASLE H K，NELLY O，PETER-PAUL V.Beyond checklists：toward an ethical-constructive technology assessment［J］.Journal of Responsible Innovation，2015，2（1）：5-19.

［186］ AUDLEY G，ANNE-MARIE C.On constructive technology assessment and limitations on public participation in technology assessment[J].Technology Analysis & Strategic Management,2005,17 (4):433-443.

[187] BATYA F,DAVID G H.Value sensitive design:shaping technology with moral imagination[M].Cambridge:MIT Press,2019.

[188] BATYA F.Value-sensitive design[J].Interactions,1996(6):16-23.

[189] BRUNO L.Pandora's hope:essays on the reality of science studies [M].London:Harvard University Press,1999.

[190] BRUNO L.Reassembling the social:an introduction to actor-network-theory[M].Oxford:Oxford University Press,2005.

[191] BRUNO L.Where are the missing masses? the sociology of a few mundane artifacts[M]// WIEBE B,JOHN L.Shaping technology/building society:studies in sociotechnical change.Cambridge:MIT Press,1992:225-259.

[192] BRUNO L,COUZE V.Morality and technology:the end of the means[J].Theory,Culture and Society,2002,19(5/6):247-260.

[193] CARL M.Notes toward a philosophy of meta-technology[J].Digital Library & Archives of the Virginia Tech University Libraries,1995,1(1):13-17.

[194] CARL M,ELAINE E E.Ethics across the curriculum:prospects for broader(and deeper)teaching and learning in research and engineering ethics[J].Science & Engineering Ethics,2016(5):1-28.

[195] CINDY X,ANDREW F.Pedagogy in cyberspace:the dynamics of online discourse[J].E-Learning,2007,4(4):1-25.

[196] DAN L,DAVID H,NEVILLE A S.The design with intent method:a design tool for influencing user behavior[J].Applied Ergonomics,2010,41(3):382-392.

[197] DAVID G H,BATYA F,STEPHANIE B.Value sensitive design as a formative framework[J].Ethics and Information Technology,

2021(23):1-6.

[198] ELIN P,SVEN O H.The case for ethical technology assessment (eTA)[J].Technological Forecasting and Social Change,2006, 73(5):543-558.

[199] ERNST B.The spirit of Utopia[M].California:Stanford University Press,2000.

[200] JONATHAN H.The emotional dog and its rational tail:a social intuitionist approach to moral judgment[J].Psychological Review,2001,108(04):814-834.

[201] High Level Expert Group on Artificial Intelligence.Ethics guidelines for trustworthy AI[EB/OL].(2019-04-08)[2024-05-15]. https:/digital-strategy. ec. europa. eu/en/library/ethics-guidelines-trustworthy-ai.

[202] HOWARD S.Technological Utopianism in American culture[M]. Chicago:University of Chicago Press,1985.

[203] HUBERT L D,PAUL R.Michel Foucault:beyond structuralism and hermeneutics[M].Chicago:University of Chicago Press, 1982.

[204] IASON G.Artificial intelligence,values,and alignment[J].Minds and Machines,2020(30):411-437.

[205] IDES N.EU 2020 and social inclusion:re-connecting growth and social inclusion in Europe[C]// BENJAMIN B,JÜRGEN B, HILDEGARD M.Soziale politik-soziale lage-soziale arbeit.Wiesbaden:VS Verlag,2012.

[206] ILONA A,MARJUKKA M.Ethical evaluation in health technology assessment reports:an eclectic approach[J].International Journal of Technology Assessment in Health Care,2007,23(1): 1-8.

[207] JACQUES E.The technological order[M]//JOHN G B,MARSHALL C E.Technology and change.San Francisco:Boyd & Fraser Publishing Company,1979:13-14.

[208] JOHN S.When is a robot a moral agent? [J].International Review of Information Ethics,2006,6(6):23-30.

[209] JOSHUA D G,SOMMERVILLE R B,NYSTROM L E,et al.An fMRI investigation of emotional engagement in moral judgment [J].Science,2001,293(5537):2105-2108.

[210] LANGDON W.Do artifacts have politics? [J].Daedalus,1980, 109(1):121-136.

[211] LUCIANO F.Artificial agents and their moral nature[M]//PETER K,PETER-PAUL V.The moral status of technical artefacts. Dordrecht:Springer Netherlands,2014:185-212.

[212] MARC J de V.Gilbert Simondon and the dual nature of technical artifacts[J].Techné:Research in Philosophy and Technology, 2008,12(1):23-35.

[213] MARK C.Robot rights? towards a social-relational justification of moral consideration [J]. Ethics and Information Technology, 2010,12(3):209-221.

[214] MARK C.The moral standing of machines:towards a relational and non-Cartesian moral hermeneutics[J].Philosophy & Technology,2014,27(1):61-77.

[215] MARK G.Economic action and social structure:the problem of embeddedness[J].Social Science Electronic Publishing,1985,91 (3):481-510.

[216] MERETE L,KNUT H S.Making technology our own? domesticating technology into everyday life[M].Oslo:Scandinavian University Press,1996.

[217] MICHAEL T B,CHRISTIAN C L.Shared losses reduce sensitivity to risk:a laboratory study of moral hazard[J].Journal of Economic Psychology,2014,42(2):63-73.

[218] NIGEL W.Design for society[M].London:Reaktion Books,1998.

[219] NYNKE T, PAUL H, PETER-PAUL V. Design for socially responsible behavior:a classification of influence based on intended

user experience[J].Design Issues,2011,27(3):3-19.

[220] PETER K,PETER-PAUL V.The moral status of technical arte-facts[M].Dordrecht:Springer Netherlands,2014.

[221] PETER K.Technical functions as dispositions:a critical assess-ment[J].Techné:Research in Philosophy and Technology,2001,5(3):105-115.

[222] PETER-PAUL V.Accompanying technology:philosophy of tech-nology after the ethical turn[J].Techné:Research in Philosophy and Technology,2010,14(1):49-54.

[223] PETER-PAUL V.Expanding mediation theory[J].Foundations of Science,2012,17(4):391-395.

[224] PETER-PAUL V.Materializing morality:design ethics and tech-nological mediations [J]. Science Technology Human Values, 2006,31(3):361-380.

[225] PETER-PAUL V. Moralizing technology: understanding and de-signing the morality of things [M]. Chicago: The University of Chicago Press,2011.

[226] PETER-PAUL V.Obstetric ultrasound and the technological me-diation of morality:a postphenomenological analysis[J].Human Studies,2008,31(1):11-26.

[227] PETER-PAUL V. Resistance is futile:toward a non-modern de-mocratization of technology[J].Techné:Research in Philosophy and Technology,2013,17(1):72-92.

[228] PETER-PAUL V. Technology design as experimental ethics [M]//SIMONE van der B,TSJALLING S.Ethics on the laborato-ry floor.London:Palgrave Macmillan,2013:79-96.

[229] PETER-PAUL V. What things do: philosophical reflections on technology,agency, and design[M].University Park:Pennsylva-nia State University Press,2005.

[230] PETER-PAUL V,ADRIAAN S.User behavior and technology de-velopment[M].Dordrecht:Springer,2006.

[231] PHILIP B.Philosophy of technology after the empirical turn[J]. Techné:Research in Philosophy and Technology,2010,14(1): 36-48.

[232] RENÉ von S.Prospects for technology assessment in a framework of responsible research and innovation[C]//DUSSELDORP M, BEECROFT R.Technikfolgen abschätzen lehren:bildungspotenziale transdisziplinärer methoden.Wiesbaden:VS Verlag,2012:39- 61.

[233] RICHARD O,JACK S.A framework for responsible innovation [C]//RICHARD O,JOHN B,MAGGY H.Responsible innovation:managing the responsible emergence of science and innovation in society.London:John Wiley & Sons,Ltd,2013:27-50.

[234] ROBERT F,JENNIFER R.De-disciplining the humanities[J]. Alif Journal of Comparative Poetics,2009(29):62-72.

[235] ROBIN M,DAVID W.Beyond Asimov:the three laws of responsible robotics[J].IEEE Intelligent Systems,2009,24(4):14-20.

[236] SAARRNI S I,BRAUNACK-MAYER A,HOFMANN B,et al.Different methods for ethical analysis in health technology assessment:an empirical study[J].International Journal of Technology Assessment in Health Care,2011,27(4):305-312.

[237] SCHINZINGER R,MARTIN M W.Introduction to engineering ethics[M].New York:McGraw Hill,2000.

[238] STAN F,BERNARD B,UMA R,et al.The role of consciousness in memory[J].Brains,Minds and Media,2005(1):1-38.

[239] STEVEN D,MASCHA van der V,PETER-PAUL V.Future user-product arrangements:combining product impact and scenarios in design for multi age success[J].Technology Forecasting & Social Change,2014(89):284-292.

[240] STEVEN D.The care of our hybrid selves:ethics in times of technical mediation[J].Foundations of Science,2017,22(2):311- 321.

［241］ STEVEN E,RAPHAEL K.Citizen groups and nuclear power controversy:uses of scientific and technological information［M］. Cambridge:MIT Press,1974.

［242］ THERO D P. Understanding moral weakness［M］. Amsterdam: Rodopi,2006.

［243］ WENDELL W,COLIN A. Moral machines:teaching robots right from wrong［M］.New York:Oxford University Press,2009.

［244］ YONI van Den E.In between us:on the transparency and opacity of technological mediation［J］.Foundations of Science,2011,16 (2/3):139−159.

后　记

　　本书是在我的博士学位论文基础上修改并完善而成的。距离博士毕业已经 6 年，本书作为我的第一部学术专著，既是对以往研究成果的总结与延续，也融入了学术转向阶段的新思考。在书稿修订过程中，读博期间的种种回忆不断浮现，使我的心中充满了感慨与感激。

　　首先，我要感谢我的导师陈凡教授。自 2012 年攻读硕士学位起，我就有幸成为了陈凡老师的学生。陈老师深厚的学识功底、广阔的学术视野、严谨的治学态度一直指引着我，使我学到了很多做人和做学问的道理。在论文写作过程中陈老师对我谆谆教诲、在日常生活中陈老师对我悉心关怀，甚至在走上工作岗位之后陈老师依然关心、支持学生的成长与进步，这些无不使我备受鼓舞，激励着我在学术的道路上不断前行。犹记得毕业离校前陈老师叮嘱我要继续推进研究，并推荐我的博士学位论文收入《东北大学技术哲学博士文库》，但由于我的怠惰，此项工作被拖延至今才终于完成，对此我深感惭愧，希望能借此机会弥补遗憾，并实现求学与工作不同研究阶段的学术接续。

　　同时，还要感谢东北大学科学技术哲学研究中心的诸位老师对我的关怀与指导：对技术伦理的关注始自硕士期间关于"道德物化"的论文选题，程海东教授作为我的副导师给予了我充分的鼓励与支持；博士论文开题后我赴荷兰特文特大学访学，恰逢与王健教授共同参加第 20 届国际技术哲学学会（SPT）年会，在异国他乡的宾馆里，王老师不顾旅途劳顿，与我讨论关于论文选题的新想法直至深夜，给了我许多启发，而她对学术的热情也是我一直以来学习的榜样；此外还要感谢罗玲玲教授、陈红兵教授、朱春艳教授、包国光教授、文成伟教授、毛牧然教授等在论文开题和答辩中提出的宝贵意见和建议，感谢前辈学者的深厚研究与学术指引。

同样感谢我在荷兰期间的责任导师皮特-保罗·维贝克教授。在特文特大学访学期间，维贝克教授总能在百忙之中抽出时间与我面谈，详细指导我的研究计划和论文写作，并解答我在研究过程中遇到的问题，为我的博士论文写作提供了极大帮助。此外，感谢大连理工大学的王前教授，王老师是国内最早关注道德物化理论和技术伦理内在路径的学者，通过对王老师一系列研究论文的学习，以及数次在学术会议上的请教，加深了我对相关问题的理解；感谢高雄大学的洪靖教授、大连理工大学的张卫教授，由于研究方向相近，与他们的交流常常能给我灵感启发、帮我澄清思路，使我在论文写作过程中受益匪浅。

入职天津大学后，由于学科设置的变动，我的研究方向需要向马克思主义理论靠拢，为此我尝试将技术调解理论与西方马克思主义的技术批判理论相结合，并将人-技关系置于马克思主义的理论视域中予以探讨，从而构成了本书第六章、第七章的部分内容。在写作过程中，也获得了所在部门前辈学者宋建丽教授以及北京大学哲学系丰子义教授的启发与指导，在此衷心感谢。

（注：本书为 2024 天津大学自主基金项目"马克思机器观视域下的人机关系及新质生产力构建研究"［项目编号：2024XMZ-0021］的最终成果，2021 年国家社会科学基金青年项目"人工智能时代的人-技伦理共同体研究"［项目编号：21CZX021］的阶段性成果）

贾璐萌

2024 年 11 月于天津北洋园